JN025982

知識ゼロからの

機械学習入門

ABSOLUTE
BEGINNER'S
GUIDE TO
MACHINE LEARNING

TechAcademy［監修］

太田和樹［著］

技術評論社

　初心者が機械学習を学ぶには、何から始めればよいのでしょうか。「何がわからないのか、わからない」状態で学習を先に進めるのは不安なものです。本書は、そんな人への道しるべとなるように書いています。

　以下が本書の目標です。

・Pythonを使ったプログラミングの基本を理解できる
・機械学習とは何か、実際のプログラムとともに概要を理解できる
・Pythonや機械学習について、この先何を学べばよいか理解できる

　本書は以下のような読者を想定しています。

・プログラミング経験がない、または現在学習中の初心者
・PythonやAIというキーワードを聞いたことがあって興味がある
・仕事や趣味に機械学習を活かしたい

　なぜPythonというプログラミング言語を学ぶ必要があるのでしょうか？それは機械学習を学ぶにはプログラミングを行う必要があり、機械学習のプログラミングでもっとも多く使われているのがPythonだからです。そのため、本書は先にPythonについて学び、その後、機械学習の概要、機械学習のプログラミングといった流れで進むように構成しています。具体的な構成は以下のとおりです。

第1章：プログラミングを行う準備をします。本書ではインストール不要ですぐ使えるGoogle Colaboratoryを使ってプログラミングを行います。準備段階でのつまずきをなくし、本来の目的である学習にすぐに取り組めるようにします。
第2章：Pythonの書き方や文法を学びます。Pythonは機械学習で最も多く使われているプログラミング言語の1つです。

第3章：機械学習の仕組みや概要を扱います。ここでは基本的な機械学習の仕組みを解説し、自動運転などの高度な技術もそれらの延長上であることを学びます。また、機械学習（AI）が向いている領域や向いていない領域、実務における機械学習の手順など、幅広い内容を取り上げます。

第4章：機械学習の前段の処理であるデータの前処理やグラフによる可視化などの手法を学びます。

第5章：実際に機械学習を行うプログラムを構築し、学習と予測を行います。併せて機械学習のプログラムのポイントや、学習に適したデータの収集についても考察します。

付録：最後に、本書を出発点としてさらに学習を発展させられるよう、指針と情報源を記載しています。

　本書は初心者が機械学習のプログラミングの全体像を学ぶことを主題としています。筆者が多くの人にPythonや機械学習のプログラミングを教えてきた経験を活かし、初心者が「なぜ？」と思うことや、学習のポイントとなるような内容について、詳しく説明しています。逆に、Pythonのすべての文法や機械学習のモデルの詳細などは説明していません。また、わかりやすさを優先して説明を簡略化している部分もあります。各章には、関連する情報やリンク集を記載していますので、発展的な内容についてはそちらを参考にしてください。

　それでは、前置きはこのぐらいにして、機械学習のプログラミングを始めましょう。ぜひ楽しんで学習を進めてくださいね。

太田和樹

はじめてのPythonプログラムを書いてみよう

Pythonの基本を学ぼう

CHAPTER 3 機械学習の概要を理解しよう

CHAPTER 4 データの前処理にチャレンジしよう

あなたの**疑問**に
現役エンジニアが**答えます!**

本書についてわからないことがあったら、チャットで質問してみましょう。
TechAcademyのメンターを務める現役エンジニアが、24時間以内に回答します。
わからないことはそのままにせず、学習を続けてください！
なお、本サポートは **2021年4月15日まで期間限定** のサービスとなっています。

◆ ご利用方法

1 「https://techacademy.jp/gihyo-python-training」にアクセスして、ユーザー名「techacademy」、パスワード「ane75j6u」を入力しログインしてください

2 申し込みフォームに必要事項を記入し、「申し込む」をクリックしてください

3 2で入力したメールアドレスに送付されたURLとログイン情報を使って、TechAcademyの学習システムにログインしてください

4 アンケートにお答えいただいたうえで、案内に従って質問のための事前準備を進めてください

 さっそく現役エンジニアに質問しよう！

＜/＞ TECH ACADEMY について

TechAcademyは、プログラミングやアプリ開発を学べるオンラインスクールです。現役のプロのサポートと独自の学習システムにより、短期間でスキルが習得できます。1人では続かない方のための短期集中プログラム「オンラインブートキャンプ」も開催中。600社、30,000名を超える教育実績あり（2019年3月時点）。

●ご利用にあたって
　●本サポートは期間限定のサービスとなっています。2021年4月15日以降は予告なくサポートを終了する可能性がございます
　●年末年始となる2020年12月28日から2021年1月3日まではサポート休止期間となります
　●書籍の内容を超えたご質問については回答いたしかねます
　●PCや開発環境などはご自身で用意いただく必要があります。また、そのためのサポートはいたしかねます
　●サポートを利用する権利を他者に譲渡することはできません
　●ご自身で書籍の内容を実践のうえ、ご質問ください

●免責事項
　下記の各条項に定める事項に起因または関連して生じた一切の損害について、株式会社技術評論社およびキラメックス株式会社はいかなる賠償責任も負いません。
　1. 本サービスの利用に際し、満足な利用ができなかった場合（以下の状況を含みますが、これらに限定されません）
　2. 利用者がメンターに行った質問に対し、利用者が希望する時間内にメンターによる回答が行われなかった場合
　3. 希望する特定のメンターのチャット指導が受けられなかった場合
　4. 書籍学習内容に直接関連しない質問等に対して、メンターによる指導や回答が受けられなかった場合
　5. 第三者による会員登録した情報への不正アクセス及び改変など
　6. 本サービスの学習効果や有効性、正確性、真実性等
　7. 本サービスに関連して当社が紹介・推奨する他社の教材等の効果及び有効性ならびに安全性及び正確性等
　8. 本サービスに関連して受信したファイル等が原因となりウィルス感染などの損害が発生した場合
　9. パスワード等の紛失または使用不能により本サービスが利用できなかった場合
　10. 本サービス上で提供するすべての情報、リンク先等の完全性、正確性、最新性、安全性等
　11. 本サービス上で利用した第三者のサービスの完全性、正確性、最新性、安全性等
　12. 利用者が作成したプログラムの有効性ならびに安全性及び正確性等
　13. 本サービスの利用に関して、利用者がサービスを利用したことまたは利用できなかったことに起因する一切の事由

+++ 動作環境

　本書では、ブラウザから利用するGoogle Colaboratoryというプログラ
ミング環境を使います。Google Colaboratoryを使用するにはGoogleア
カウントが必要です。また、ブラウザはChromeを使います。Chromeで
Googleアカウントでログインした状態にしてください。Googleアカウン
トでログインしていると以下のような状態になっています。

右上にはログインしているアカウント名か、プロフィール画像が表示される。

また、本書は以下の環境で動作確認を行っています。

OS

・macOS : macOS Mojave バージョン 10.14.4
・Windows 10 : Windows 10 Home バージョン 1903

ブラウザ

・Google Chrome : 2019年7月31日時点の最新版

はじめての
Pythonプログラムを
書いてみよう

本章ではPythonでプログラミングを行う準備をします。

本書ではインストール不要ですぐ使えるGoogle Colaboratoryを使って

プログラミングを行います。

簡単なサンプルプログラムの作成を通じて

基本的な手順を確認しましょう!

Pythonとは

Pythonは、現在もっとも多く使われているプログラミング言語の1つです。文法がシンプルでわかりやすいため広い分野で活用が進み、本書のテーマである機械学習やデータサイエンスなどのAI関連分野でも多く使われるようになりました。多く利用されることでノウハウや使い方の情報といった知見が集まり、さらに使いやすくなることで利用者が増える……という好循環が続いている、今人気のプログラミング言語です。

Pythonの歴史は古く、1991年2月に最初のバージョンがオランダ人のグイド・ヴァンロッサム（Guido van Rossum）によって開発されました。名前の由来はイギリスのTV番組「空飛ぶモンティ・パイソン」から来ています。

現在はPythonソフトウェア財団（Python Software Foundation）が著作権を保持し、世界中の開発者が参加するコミュニティにより開発が続けられています。最新のバージョンは2020年1月8日現在で3.8.1です。

Pythonはオープンソースソフトウェアであり、商用か個人利用かを問わず、誰でも無償で使用することができます。そのほかの情報については、公式サイトを参照してください。

https://www.python.org/

さて、Pythonによるプログラムだけでなく、ほとんどのプログラムは「ライブラリ」というものを活用して作ります。ライブラリは、ほかの開発者が英知を結集して作ったプログラムの部品です。たとえば、機械学習では内部で統計や微分などの数学を使っていますが、私たちはそれらをすべて理解して最初からプログラムを作るわけではありません。すで

Pythonとは……… Section 01

CHAPTER
1

CHAPTER
2

CHAPTER
3

CHAPTER
4

CHAPTER
5

に存在する機械学習のライブラリを組み合わせることで、数学などの専門知識がなくても機械学習のプログラムを書くことができるのです。Pythonとライブラリの開発者に感謝しましょう。

　本書では、最初からPythonのすべての理解を目指すのではなく、ライブラリを利用するために必要最小限の基礎的な文法を中心に学習を進めることにします。

▼図1-1-1

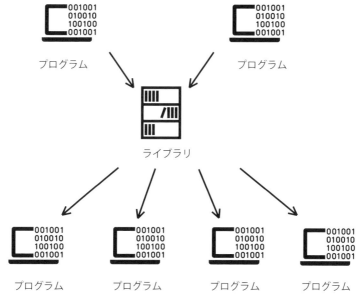

 Pythonって人気なんですね！

そうだね。機械学習のプログラミングには一番オススメだね！

はじめてのPythonプログラムを書いてみよう

Section
02

Pythonを書く準備をしよう

本章ではGoogle Colaboratory（以下Colaboratory）というツールを
使ってプログラミングを行います。

Colaboratoryは、インストール不要ですぐに使えるPythonのプログラ
ミング環境です。Pythonのプログラミングを行う場合は、通常、パソコ
ンにPythonやエディタ（ソースコードを編集するソフトウェア）などを
インストールして準備を整える必要があります。この準備作業が初心者
にとっては結構大変で、いつまでたってもプログラミングが始められな
いといった事態になりかねません。

そこで、利用したいのがColaboratoryです。Colaboratoryはブラウザ
で動作するツールで、すでにPythonが実行できるようになっており、「ノー
トブック」というエディタも用意されています。Colaboratoryを使えば、
準備作業をすることなく、すぐにプログラミングを始められます。

Colaboratoryって便利ですね！

そうだね。準備作業が不要で、
すぐに始められるのは大きなメリットなんだ

Colaboratoryの使い方は簡単です。あらかじめブラウザChromeで
Googleアカウントにログインしておき、以下のURLにアクセスすると、
図1-2-1のような画面になります。

https://colab.research.google.com

CHAPTER
1

CHAPTER
2

CHAPTER
3

CHAPTER
4

CHAPTER
5

▼図1-2-1

　Colaboratoryでは、ノートブックを作成してプログラムの記述と実行を行います。ここで一連の操作を学びましょう。

・ノートブックの作成
・ノートブックの名前の変更
・プログラムの記述と実行
・セルの追加
・ノートブックの保存
・作業の終了と再開

　ノートブックを作成するには、左上の［ファイル］メニューから［Python3の新しいノートブック］をクリックします。

▼図1-2-2

次の図1-2-3がノートブックです。左上の「Untitled0.ipynb」と書かれた部分がノートブックの名前です。画面中央にあるのがプログラムを記述する「セル」で、その左にはセルに記述したプログラムを実行する「実行ボタン」があります。

▼図1-2-3

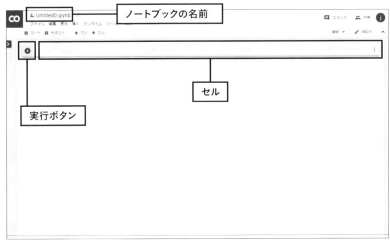

　次に、ノートブックの名前を変更しましょう。今回は練習なので、ノートブックを電卓として使用します。左上のタイトル部分をクリックして「1-2電卓.ipynb」という名前に変更します。

▼図1-2-4

　それでは早速セルにプログラムを書いて実行してみましょう。セルに「1+2」と入力します。文字はすべて半角で入力しましょう。入力が終わったら、実行ボタンをクリックしてください。

▼図1-2-5

　初回実行時は、ノートブックを動かす準備のため、少し時間がかかります。実行結果はセルの下に表示されます。正しく表示されない場合は、入力ミスがないかを確認してください。

▼図1-2-6

```
1+2
3
```

先生、ちゃんと動きません……

入力ミスがないか、チェックしてみよう。特に、
全角で入力していないかを確認するといいよ

セルの追加は［挿入］メニューから［コードセル］を選択します。

▼図1-2-7

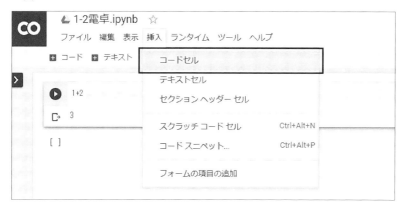

　セルを実行する際、実行ボタンをクリックする代わりに、Shiftキーを
押しながらEnterキーを押すと、セルの実行と挿入が同時に行われます。
どちらの方法でも、以下のように新しいセルが現在のセルの下に追加さ
れます。

▼図1-2-8

ノートブックの保存は自動的に行われますが、[ファイル]メニューから[保存]をクリックして手動で行うことも可能です。

作業を終了するときは、そのままブラウザを閉じます。作業を再開するときは、ブラウザでColaboratoryのURLを開き、選択画面でノートブックを選びます。

▼図1-2-9

はじめてのPythonプログラムを書いてみよう

+++ Googleドライブとの連携

　ノートブックはGoogleドライブに保存されています。ここでGoogleドライブとの連携について確認しましょう。Googleドライブを開くには以下のURLにアクセスします。

https://drive.google.com/

ノートブックはGoogleドライブの［Colab notebooks］というフォルダに保存されます。

▼図1-2-10

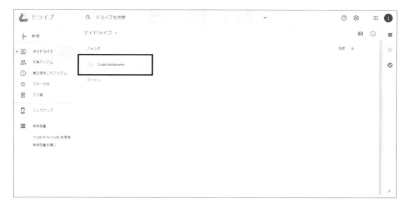

　［Colab notebooks］フォルダを開くと、先ほど保存したノートブックが確認できます。ノートブックをダブルクリックして［Colaboratoryで開く］を選択すれば、ノートブックを開くことができます。

▼図1-2-11

また、[Colab notebooks] フォルダにノートブックのファイルをアップロードして、Colaboratoryで開くことも可能です。

Colaboratoryは、世界中で広く使われている「Jupyter Notebook」をベースに開発されています。つまりJupyter Notebook形式のpythonファイルであれば、ほとんど修正せずにColaboratoryでも利用可能というわけです。

> インターネットで公開されている膨大な数の
> サンプルプログラムを参考にできるんだ

> 学習を進めやすいですね！

ここまでColaboratoryの基本操作について学びました。次は、いよいよ最初のプログラムを作成します。

最初のプログラムを書いてみよう

+++ **適正体重を計算してみよう**

　前節ではノートブックを電卓として利用しました。ここでは、適正体重を計算するプログラムを書いてみましょう。新しいノートブックを作成し、名前を「1-3最初のプログラム.ipynb」に変更します。セルに以下のように入力して実行しましょう。

```
001    #  私の身長(m)
002    height = 1.8
003
004    #  標準的なBMI指数(22がもっとも病気になりにくい)
005    bmi = 22
006
007    #  適正体重を計算する。適正体重=(身長の二乗)×22
008    weight = height * height * 22
009
010    #  適正体重を表示する
011    print("あなたの適正体重は以下です。")
012    print(weight, "kg")
```

　実行結果は以下のようになります。

　あなたの適正体重は以下です。
　71.28 kg

何か難しいです……

大丈夫。ひとつひとつ確認しながら進めよう

　コードについて、詳しくは第2章で説明するので、ここでは簡単に説明します。1行目のように「#」で始まる行はコメントです。コメントはプログラムの実行結果には影響を与えないので省略可能ですが、なるべく記載するようにしましょう。行っていることを単に書くのではなく、「なぜそのようなコードにしたか」といった意図を書くようにすると、よいコメントになります。以降の「#」で始まる行（4,7,10行目）もコメントですので説明は省略します。

001	# 私の身長(m)

　2行目は「height」という変数に「1.8」という数値を代入しています。変数は値を入れる箱のようなもので、中学校の数学で学んだ変数と同じようなものです。ただし、Pythonの変数には数値だけでなく、文字列などいろいろな値を入れることができます。「=」（イコール）は数学では等しいことを表しますが、プログラミング言語では代入を表します。イコールの左辺（左側）に変数、右辺（右側）に代入したい値や式を書きます。

002	height = 1.8

　5行目も同様に「bmi」という変数に「22」という数値を代入しています。

005	bmi = 22

　8行目で適正体重を計算して「weight」という変数に代入しています。

はじめてのPythonプログラムを書いてみよう

適正体重は「適正体重＝（身長の二乗）×22」で計算されます（わかりやすいコメントのよい例ですね！）。

　Pythonでは掛け算は「*」、割り算は「/」で表記します。ここで右辺に式を書いていることに注目しましょう。変数「height」には1行目で「1.8」という数値を代入しているので、結果的に「1.8 * 1.8 * 22」の答えである「71.28」が「weight」に代入されます。しかも、変数を使うと、身長（heightの値）が変わっても8行目の計算式は変更しなくてよいという利点があります。

```
008    weight = height * height * 22
```

変数を使うと、変更箇所が少なくて済むから便利ですね！

そうだね。変数はプログラミングに欠かせないから、
使い方をしっかりと覚えよう

　11行目と12行目で結果を表示しています。「print」というのはPythonの関数の1つで、カッコの中に指定された値を表示します。カッコの中にはカンマ区切りで複数の値を指定できます。

　Pythonにはいくつかの関数があり、それらを組み合わせてプログラミングを行います。関数は「メソッド」とも呼びます。

```
011    print("あなたの適正体重は以下です。")
012    print(weight, "kg")
```

関数って、数学で習った関数と同じですか？

考え方的には同じだね。プログラムの関数は計算だけでなく、
いろいろなことができるように拡張されているんだ

うまく動かないときは

　プログラムが思ったとおりに動かない場合、いくつかの原因が考えられます。ほとんどの場合は記述ミスです。うまく動かないときは、以下の点を中心に確認しましょう。

●全角で入力していないか

Pythonのプログラムは半角英数字で入力します。変数名や演算子、カッコを全角で入力していないか確認しましょう。よくあるのがスペースを全角で入力している場合です。気づきにくいので注意しましょう。

●大文字と小文字を間違えていないか

Pythonは大文字と小文字を区別します。

●カッコやダブルコーテーションの閉じ忘れはないか

カッコは「(」と「)」、ダブルコーテーションは開始の「"」と終了の「"」が両方書かれているか確認しましょう。

　エラーメッセージにも問題解決に役立つ情報が書かれています。たとえば、以下は身長のメートルを全角で入力してしまった場合の例です。

```
001    # 私の身長(m)
002    height = １. 8
```

　エラーメッセージは以下のようになります。「invalid character」は「無効な文字」という意味なので、入力に誤りがありそうだと判断できますね。

```
height = １. 8
         ^
SyntaxError: invalid character in identifier
```

はじめてのPythonプログラムを書いてみよう

次は、変数「weight」を「Weight」と入力してしまった場合の例です。

```
print(Weight, "kg")
```

エラーメッセージは以下のようになります。「NameError：name 'Weight' is not defined」は「Weightという名前が定義されていない」という意味です。これはわかりやすいエラーメッセージですね。

```
---> 12 print(Weight, "kg")
```

```
NameError：name 'Weight' is not defined
```

このように、エラーメッセージは一見するとわかりづらいのですが、問題解決に役立つヒントが多く含まれています。ぜひ活用しましょう。

エラーメッセージって、パッと見ると
わかりづらいけど便利なんですね

英語で書かれているけど、役立つ情報が
書かれているから見るようにしよう！

- Pythonは機械学習やデータサイエンスなどのAI関連分野でも多く使われており、現在もっとも人気のあるプログラミング言語の1つである
- 初学者は最初からPythonのすべての理解を目指すのではなく、ライブラリを利用するために必要最小限の基礎的な文法を中心に学習を進めるとよい
- Google Colaboratoryは、インストール不要ですぐに使えるPythonのプログラミング環境である。ノートブックを作成してプログラムの記述と実行を行う
- コメントはコードの意図を書くようにするとよい
- 変数は値を入れる箱のようなもので、数値や文字列など、いろいろな値を入れることができる。変数を使うと、代入されている値が変わってもプログラムを変更しなくてもよいという利点がある
- Pythonにはいくつかの関数があり、それらを組み合わせてプログラミングを行う

情報の参照先

▼ Python公式サイト
https://www.python.org/

▼ Pythonドキュメント（日本語）
https://docs.python.org/ja/3/index.html

▼ Google Colaboratory
https://colab.research.google.com

▼ Google Colaboratory の使い方動画（英語）
https://www.youtube.com/watch?v=inN8seMm7UI

はじめてのPythonプログラムを書いてみよう

プログラミングを学ぶということ

　Pythonは文法もわかりやすく、初学者が最初に学ぶプログラミング言語として最適です。しかし、学習を始めてからしばらくは、学習してもきちんと理解できた感覚が持てず、不安に思う時期が続くと思います。これは、プログラミングの学習効果が最初はなかなか感じられず、あるとき急に階段を上るように段階的に現れるからです。プログラミングの学習期間と習熟度の関係をグラフにすると、以下のようなイメージになります。この線は学習曲線と呼ばれます。

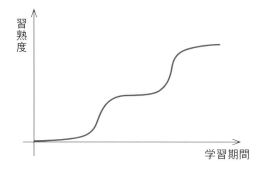

　それではプログラミングの学習のポイントは何でしょうか。プログラミング教室で多数の受講生にプログラムの書き方を教えてきた筆者の経験によると、以下のような点に気を付けながら学習を進めると効果的だと思います。

ソースコードは入力して覚える

　本を見るだけでなく、掲載されてあるソースコードを自分で入力し、実行してみましょう。ソースコードを書いてあるとおり入力することを、IT業界では「写経」と呼びます。「写経」して実行すると、入力ミスなどでうまく動かない場合があります。そのときが学習のチャ

ンスです！動かないソースコードをじっくりと眺め、間違い探しや試行錯誤をして悩んでください。ソースコードの全体の流れやプログラミング言語の文法をより深く理解し、ステップアップすることができます。

一度にすべて覚えようとしない

プログラミング言語の文法は、初学者にとってはなかなか覚えるのが難しいものです。細かい文法まで一度にすべて覚えるのではなく、まずは概念から覚えましょう。変数については、「変数とは値を入れる箱のようなものだ」という感じで十分です。あとは本などに掲載されているプログラムのサンプルを見ながら、ソースコードを書けばよいのです。そうすれば、細かいことまですべて覚えていなくてもプログラミングを行うことができます。

ソースコードを書く前に日本語で考える

初学者にとって最初の大きな壁は「書いてあるソースコードは理解できるが、自分でイチから書ける気がしない」というものです。実はプロのエンジニアも、いきなりソースコードを書いているわけではありません。最初は日本語（自然言語）で全体の概要を考え、それをソースコードが書けるレベルまで徐々に細かくしていきます。これを業界では「要件定義」や「設計」と呼んでいます。そうすることで、突然ソースコードを書くより、かなり容易に適切なプログラムを書くことができます。また、日本語からソースコードを書く、この能力はソースコードにコメントを書くことで身につけることができます。

いかがでしたでしょうか。プログラミングは知的興奮に満ちあふれた楽しいものです。上に挙げたポイントを参考に、楽しく学習を続けていきましょう！

Pythonの基本を学ぼう

本章ではPythonによるプログラムの書き方や文法を学びます。

いずれもPythonのプログラミングで必要となる内容ですが、

すべてを一度に覚える必要はありません。 まずは概要から

プログラミングでできることの雰囲気をつかんでいきましょう!

Section 01 データと変数を理解しよう

　まずは新しいノートブックを作成し、名前を「2Pythonの基本.ipynb」に変更してください。以下のプログラムは、それぞれ別のセルにソースコードを書き、実行して動作確認しながら進めていくとよいでしょう。

+++ 型とは何か

　数値や文字列のようなデータの種類のことを「型」と呼びます。なぜ、型というものが必要なのでしょうか？

　型という考え方がないほうがすっきりする気もします（型がないプログラミング言語もあります）。しかし、型がないということは、値の種類の解釈をプログラミング言語に委ねるということです。小数点以下まできっちりと計算したいのに、整数や文字列として解釈されたら困りますよね。プログラムは作ったとおりにしか動作しません。逆にいうと、隅々まで作ったとおりに動作させるためにも、型は必要なものなのです。

　さて、Pythonには次の表で示すような型があります。このほかにもクラスやインスタンスなどの型があります。それぞれの型についてはこの節の中で順番に説明します。シーケンスは次の節で説明します。

▼表2-1-1

型	型の種類	具体的な値の例
数値	int, float	1, 3.14
文字列	str	こんにちは!
真偽	bool	True, False
シーケンス	list, tuple, range	[1, 2, 3]

Pythonでは、値によって型が決まります。型の種類を確認するにはtype関数を使います。以下では、1行目が文字列型、2行目が数値型（浮動小数点数）であることがわかります。

```
001    print(type("Hello!"))
002    print(type(3.0))
```

実行結果は以下のとおりです。

```
<class 'str'>
<class 'float'>
```

いろんな型があるんですね

それぞれ目的に応じた型が用意されているんだ。
まずは数値と文字列の違いを覚えよう

+++ 変数とは何か

第1章では、「変数は値を入れる箱のようなものだ」と説明しました。変数には、どのような型の値も入れることができます。

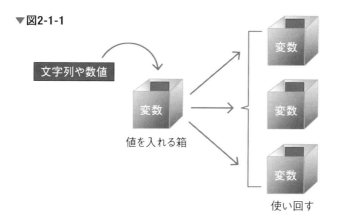

変数そのものには型はありません。入っている値の型と同じで、すなわち数値が入っていれば数値型、文字列が入っていれば文字列型の値と同じように扱うことができます。実際に同じ変数に最初に文字列、次に数値を代入してtype関数で型を表示すると、変数がそれぞれの値の型になっていることが確認できます。

```
001    val = "こんにちは!"
002    print(type(val))
003    val = 3.0 * 10
004    print(type(val))
```

実行結果は以下のとおりです。

```
<class 'str'>
<class 'float'>
```

変数の名前は、わかりやすい名前にしましょう。Pythonでは、変数の名前はすべて小文字で、さらにアンダースコアで区切るという命名規則があるので、それに従います。以下は変数名の例です。

・result

- room_width
- price_include_tax

変数名の1文字目に数字は使えません。また、次に挙げた予約語（Pythonですでに使っている単語）を変数名にすることはできません。

False None True and as assert break class
continue def del elif else except finally for from
global if import in is lambda nonlocal not or
pass raise return try while with yield

「except_value」のように変数名の一部に
予約語を使うのは大丈夫ですか？

一部に使うのは大丈夫だよ

数値

Pythonでは、数値として整数と小数（浮動小数点数）、複素数を扱えます（複素数については本書では説明を省略します）。数値と一緒に使える演算子には表2-1-2、関数には表2-1-3のようなものがあります。

▼表2-1-2

演算子	説明	使用例	結果
+	足し算	1 + 2	3
-	引き算	8 - 6	2
*	掛け算	6 * 6	36
/	割り算	25 / 5	5
//	割り算（小数部切り捨て）	31 // 10	3
%	剰余（割った余り）	31 % 10	1
**	乗数	3 ** 3	27

▼表2-1-3

関数	説明	使用例	結果
abs	絶対値	abs(-10)	10
int	整数に変換	int(3.14)	3
float	浮動小数点数に変換	float(3)	3.0
pow	べき乗	pow(3, 2)	9
round	指定した桁数で四捨五入	round(3.141592, 3)	3.142

　演算にはカッコも使用できます。カッコの中が先に計算されるのは、数学と同じです。カッコを組み合わせることで複雑な計算もまとめて記述できます。

```
001    round(70 / (1.8 ** 2), 3)
```

実行結果は以下のとおりです。

　　21.605

　整数と浮動小数点数との演算も整数同士の割り算も、結果は浮動小数点数型となります。明示的に整数を浮動小数点数として扱いたい場合は、floatで変換するか「.0」を追加します。

```
001    x = float(3)
002    #  xの値を浮動小数点数にしたことで演算結果も浮動小数点数となる
003    10 - x
```

実行結果は以下のとおりです。

　　7.0

文字列

文字列とは、0個以上の連続した文字です。文字列を表記するには「"」または「'」で囲みます。どちらを使ってもよいのですが、プログラムの中ではどちらかに揃えたほうがわかりやすいでしょう。以下では、変数「hello」に文字列「"こんにちは！"」を代入し、print関数で表示しています。

```
001    hello = "こんにちは!"
002    print(hello)
```

実行結果は以下のとおりです。

こんにちは！

文字列で使える演算子を表2-1-4に、関数を表2-1-5に挙げます。

▼表2-1-4

演算子	説明	使用例	結果
+	結合	"こんにちは!" + "Python!"	'こんにちは!Python!'
*	繰り返し	"Yap! " * 3	'Yap! Yap! Yap!'

▼表2-1-5

関数	説明	使用例	結果
str	文字列に変換	str (3.14)	'3.14'
len	文字数を数える	len ("こんにちは!")	6

数値と文字列は別のものです。最初に数値の加算から確認しましょう。

```
001    print(1 + 2)
```

Pythonの基本を学ぼう

37 +++

実行結果は以下のとおりです。

3

実行結果はもちろん「3」になりました。しかし、文字列「"1"」と文字列「"2"」を結合すると「"12"」という文字列になります。

```
001    print("1" + "2")
```

実行結果は以下のとおりです。

12

文字列の「＋」は結合という意味なんですね

そうだね。型によって演算子の意味が変わるから注意しよう

数値と文字列は別のものなので、結合しようとするとエラーになります。

```
001    print("123" + 456)
```

実行結果は以下のとおりです。

```
TypeError        Traceback (most recent call last)
<ipython-input-8-47f5ca9d7096> in <module>()
----> 1 print("123" + 456)

TypeError: must be str, not int
```

エラーを解決するには、数値か文字列のどちらかに揃える必要があります。数値を文字列に変換するなら、str関数を使います。

```
001    print("123" + str(456))
```

実行結果は以下のとおりです。

123456

逆に、文字列を数値に変換するにはint関数やfloat関数を使います。intは整数、floatは小数（浮動小数点数）に変換します。

```
001    print(float("123") + 456)
```

実行結果は以下のとおりです。

579.0

真偽

真偽は、真（True）か偽（False）のどちらかの値をとります。後述する制御フロー文やプログラム中での条件判定など、多くの場面で用いられます。真偽は表2-1-6の比較演算子や表2-1-7の論理演算子による演算結果などから導出されます。

Python の基本を学ぼう

▼表2-1-6　比較演算子

演算子	説明	使用例	結果
<	より小さい	1 < 5	True
<=	以下	-5 <= -5.1	False
>	より大きい	1 > 5	False
>=	以上	-5 >= -5.1	True
==	等しい	"Hello" == "hello"	False
!=	等しくない	"Hello" != "hello"	True

▼表2-1-7　論理演算子

演算子	説明	使用例	結果
or	または	False or True	True
and	かつ	False and True	False
not	否定	not（False）	True

「＝」が2つだと等しいという意味になるんですね

そうだね。「＝」が1つだと代入で、2つだと等しい
という意味になるから注意しよう

　演算にはカッコも使用できます。それらを組み合わせることで、複雑な条件判定式もまとめて記述できます。以下は、97が2か3か5で割り切れるかどうかを判定しています。

```
001    x = 97
002    (x % 2 == 0) or (x % 3 == 0) or (x % 5 == 0)
```

実行結果は以下のとおりです。

```
False
```

　Pythonでは、どんな値でも真偽として判定できるという性質があります。Pythonでは以下の値は「偽」と定義されています。逆にいうと、それら以外はすべて「真」となります。

・NoneとFalse
・ゼロ
・空の文字列やシーケンス

　値の真偽判定は制御フロー文などでの条件式、またはbool関数で確認できます。

```
001    print(bool("Hello!"))
002    print(bool(""))
003    print(bool(100))
004    print(bool(0.0))
```

実行結果は以下のとおりです。

```
True
False
True
False
```

　また、Trueは1、Falseは0に等しいと定義されています。

```
001    print(1 == True)
002    print(True + True)
```

実行結果は以下のとおりです。

```
True
2
```

シーケンスを使ってみよう
〜複数の要素をまとめて扱う仕組み

「シーケンス」とは複数の要素をまとめて扱う仕組みです（シーケンス[sequence]：つながり、連続といった意味）。ほかのプログラミング言語では「配列」とも呼ばれます。シーケンスは、表計算ソフトの表でたくさんの値をまとめて処理するようなイメージです。機械学習はたくさんのデータをまとめて処理することが多いため、シーケンスを覚えておくと便利です。シーケンスを使うと、後述する制御フロー文などを使って複数の要素を効率的にプログラムで操作できます。

Pythonには、次の表のようなシーケンスがあります。実は、文字列も「複数の文字をまとめて扱う」シーケンスの1種です。

▼表2-2-1

シーケンス	型	説明
リスト	list	基本的なシーケンス
range	range	一定範囲の数列を作るのに便利
タプル	tuple	一度定義すると内容を変更できない
文字列	str	複数の文字をまとめて扱う

ここでは、リストを中心にシーケンスについて確認します。また、シーケンスに似たものとして、辞書とセットについても簡単に確認します。

リスト

「リスト」はPythonの基本となるシーケンスです。リストを定義するには、[ ]（角カッコ）で要素を指定するか、list関数を使います。リストの要素にはどのような型でも指定することができます。

```
001    # 1から9までの奇数のリストを定義
002    odd = [1, 3, 5, 7, 9]
003    print(odd)
```

実行結果は以下のとおりです。

[1, 3, 5, 7, 9]

ほかの型をリストに変換したい場合には、list関数を使います。以下に、後述するrangeをリストに変換した例を挙げます。

```
001    # 2から10までの偶数のリストを定義
002    even = list(range(2, 11, 2))
003    print(even)
```

実行結果は以下のとおりです。

[2, 4, 6, 8, 10]

文字列をリストに変換すると、以下のようになります。リストの要素が1文字ずつ切り離され、格納されているのが確認できます。

```
001    iroha = list("いろはにほへと")
002    print(iroha)
```

実行結果は以下のとおりです。

['い', 'ろ', 'は', 'に', 'ほ', 'へ', 'と']

リストは入れ子にできます。入れ子の階層のことを「次元」と呼びます。たとえば、2次元の表の場合は1次元目が行（縦方向）、2次元目が列（横方向）となります。表計算ソフトの表のようなイメージです。3次元の場合は行・列・奥行きというイメージです（図2-2-1参照）。次元はい

Pythonの基本を学ぼう

くつでも増やすことができます。

▼図2-2-1

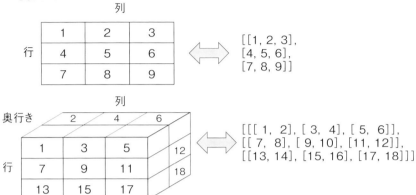

```
001     #  2次元の表
002     mylist2d = [[1, 2, 3],
003                 [4, 5, 6],
004                 [7, 8, 9]]
005     print(mylist2d)
006
007     #  3次元の表
008     mylist3d = [[[ 1,  2], [ 3,  4], [ 5,  6]],
009                 [[ 7,  8], [ 9, 10], [11, 12]],
010                 [[13, 14], [15, 16], [17, 18]]]
011     print(mylist3d)
```

実行結果は以下のとおりです。

> [[1, 2, 3], [4, 5, 6], [7, 8, 9]]
> [[[1, 2], [3, 4], [5, 6]], [[7, 8], [9, 10], [11, 12]],
> [[13, 14], [15, 16], [17, 18]]]

次元はいくらでも増やせるんですか？

そうだね。ただ、あまり増やすとわかりづらいから、データの形に合わせて使うようにしよう。よく使うのは2次元の表だね

リストで実行できる演算には、以下のようなものがあります。

▼表2-2-2

演算子	説明	例	結果
+	結合	[1, 2, 3] + [4, 5, 6]	[1, 2, 3, 4, 5, 6]
*	繰り返し	["Yap!"] * 3	['Yap!', 'Yap!', 'Yap!']
in	要素が含まれていたらTrue	3 in [1, 3, 5]	True

リストで使える関数には、以下のようなものがあります。

▼表2-2-3

関数	説明
len	要素の数
sum	要素の値の合計（要素が数値の場合のみ）
min	最小値（要素が数値の場合のみ）
max	最大値（要素が数値の場合のみ）
.append	末尾に要素を追加
.insert	位置を指定して要素の挿入
.pop	末尾の要素を削除
.remove	値を指定して要素を削除

```
001    #  2から10の偶数のリスト
002    mylist = list(range(2, 11, 2))
003    print(mylist)
004
005    #  要素の数を取得
```

CHAPTER 2

Pythonの基本を学ぼう

```
006     print("要素の数:", len(mylist))
007     #  値の合計
008     print("合計:", sum(mylist))
009     #  最小値、最大値
010     print("最小値:", min(mylist), "、最大値:", max(mylist))
011
012     #  要素の追加、挿入
013     mylist.append(12)
014     print("appendした結果:", mylist)
015     mylist.insert(1, "a")
016     print("insertした結果:", mylist)
017
018     #  要素の削除
019     mylist.pop()
020     print("popした結果:", mylist)
021     mylist.remove("a")
022     print("removeした結果:", mylist)
```

実行結果は以下のとおりです。

```
[2, 4, 6, 8, 10]
要素の数：5
合計：30
最小値：2 、最大値：10
appendした結果：[2, 4, 6, 8, 10, 12]
insertした結果：[2, 'a', 4, 6, 8, 10, 12]
popした結果：[2, 'a', 4, 6, 8, 10]
removeした結果：[2, 4, 6, 8, 10]
```

たくさん関数が出てきました……

リストには、効率的に処理を実行できる関数が用意
されているんだ。ひとつひとつ動かして確認しよう

　リストから要素を取り出すことを「スライス」と呼びます。基本的な書き方は以下のとおりです。

リスト[開始位置：終了位置：増分]

　リストの開始位置は0からです。終了位置の要素は含みません。増分は要素を取り出す間隔を表します。それぞれの値の組み合わせにより、さまざまなスライスを実行できることを確認しましょう。

```
001    mylist = [1, 3, 5, 7, 9]
002    # 1つの要素だけ
003    print(mylist[3])
004    # 開始位置は0から。終了位置の要素は含まない
005    print(mylist[0:2])
006    # 開始や終了は省略可能
007    print(mylist[::2])
008    # 増分にマイナスを指定すると末尾から数える
009    print(mylist[4::-1])
```

　実行結果は以下のとおりです。

```
7
[1, 3]
[1, 5, 9]
[9, 7, 5, 3, 1]
```

　スライスはリストの変更にも使用できます。

```
001    mylist = [1, 3, 5, 7, 9]
002    print("変更前:", mylist)
003    mylist[1:3] = [30, 50, 70]
004    print("変更後:", mylist)
```

CHAPTER 2

Pythonの基本を学ぼう

実行結果は以下のとおりです。

> 変更前：[1, 3, 5, 7, 9]
> 変更後：[1, 30, 50, 70, 7, 9]

range

　「range」は、一定範囲の整数の数列を作るのに便利なシーケンスです。
listや、後述するfor文と組み合わせて使用します。基本的な書き方は以下
のとおりです。なお、増分は省略できます。

> **range(開始, 終了, 増分)**

```
001   # リストと組み合わせた使い方
002   myrange1 = list(range(0, 10, 2))
003   print(myrange1)
004
005   # 増分にはマイナスの値も指定できる
006   myrange2 = list(range(20, 10, -2))
007   print(myrange2)
008
009   # for文と組み合わせた使い方
010   for idx in range(0, 20, 5):
011       print(idx)
```

実行結果は以下のとおりです。

> [0, 2, 4, 6, 8]
> [20, 18, 16, 14, 12]
> 0
> 5
> 10

15

タプル

　「タプル」は、内容を変更できないシーケンスです。関数から複数の値をまとめて受け取るときや、内容を変更したくないシーケンスを定義したい場合などに使用することがあるので覚えておきましょう。タプルを定義するには、カンマ区切りで要素を指定するか、tuple関数を使います。そのほかの性質はリストと同様です。

```
001  # カッコはなくてもよいが、わかりやすいように付ける
002  mytuple1 = (1, 2, 3)
003  print(mytuple1)
004
005  # tuple関数を使った定義方法
006  mytuple2 = tuple(range(1, 10, 3))
007  print(mytuple2)
```

実行結果は以下のとおりです。

```
(1, 2, 3)
(1, 4, 7)
```

辞書

　「辞書」はシーケンスと似ていますが、要素をキーで管理します。本当の辞書のように、単語をキーとして説明を管理するような用途に適しています。辞書を定義するには「{...}」でキーと値のペアを指定するか、dict関数を使います。

```
001  # {...}を使った定義方法
002  mydict1 = {"one":"いち", "two":"に", "three":"さん"}
003
004  # dictを使った定義方法。タプルのリストを渡す例
005  mydict2 = dict([("one","いち"), ("two","に"), ("three","さん")])
006
007  # mydict1とmydict2は等しい
008  print(mydict1 == mydict2)
009
010  # 辞書からの要素の取り出し
011  print(mydict1["one"])
012
013  # 辞書の要素の更新
014  mydict2["three"] = "参"
015
016  # 辞書に要素を追加
017  mydict2["four"] = "よん"
018  print(mydict2)
```

実行結果は以下のとおりです。

> **True**
> **いち**
> **{'one': 'いち', 'two': 'に', 'three': '参', 'four': 'よん'}**

セット

　「セット」は、シーケンスと異なり、順序を持たない集合です。数学の集合と同等の演算を行うことができます。また、要素の値が重複しないという特徴があります。その特徴を活かして、リストから重複した値を除去する際に利用します。セットを定義するには、{...}で要素を指定するか、set関数を使います。

```
001  # {...}を使った定義方法。重複した要素は自動的に除去される
002  myset1 = {"a", "b", "a", "c"}
003  print(myset1)
004
005  # setを使った定義方法。文字列を渡す例
006  myset2 = set("HappyHappyHappy")
007  print(myset2)
```

実行結果は以下のとおりです。

{'c', 'a', 'b'}
{'a', 'p', 'H', 'y'}

セットは数学の集合のようなものなのですね

そうだね。ベン図などで習ったね

Pythonの基本を学ぼう

処理の流れを変えてみよう

Section 03

ソースコードは基本的に上から下に向かって実行されます。制御フロー文を使うと、条件によって実行する処理を変えたり、同じ処理を繰り返して行ったりとプログラミング表現の幅が広がります。主なものを確認していきましょう。

if文

if文は、条件によって実行する処理を制御します。たとえば、「値が0のときだけ処理をする」といったように、条件に応じた処理を行いたいときに便利です。if文の基本的な書き方は以下のとおりです。

> **if 条件1：**
> **条件1に該当した場合の処理**
> **elif 条件2：**
> **条件2に該当した場合の処理**
> **else：**
> **いずれの条件にも該当しない場合の処理**

条件には真偽を使用し、条件の末尾には「：」を書きます。elifやelseは省略できます。ifやelif、elseに対応した処理はインデント（半角スペースでの字下げ）して書きます。Pythonでは、インデントで処理のまとまりを表します。

```
001    num = 99
002    message = ""
003
004    if num % 2 == 0:
005      message = "2で割り切れる"
006    elif num % 3 == 0:
007      message = "3で割り切れる"
008    else:
009      message = "それ以外"
010
011    print(str(num) + "は" + message)
```

実行結果は以下のとおりです。

99は3で割り切れる

if文には、1行で記述する書き方もあります。簡単な条件の場合、if文を1行で記述することで、プログラムが見やすくなる場合もあります。

真の場合の処理 if 条件 else 偽の場合の処理

if文を1行で記述する際は、真の場合の処理がifの前に来ることに注意しましょう。また、elseは省略できません。偽の場合の処理を、さらにif文で分岐させることもできます。

if文を1行で記述する方法は便利ですが、条件が複雑になるとプログラムがわかりづらくなります。多用しないようにしましょう。以下は、valの値が3の倍数の場合「Fizz」と表示し、それ以外はvalの値そのものを表示するという例です。

```
001    val = 3
002    print("Fizz" if val % 3 == 0 else val)
```

実行結果は以下のとおりです。

> Fizz

for文

　for文は、シーケンスから要素を1つずつ取り出し、繰り返し処理を行います。for文を使うと、同じ処理を何回も記述しなくて済むため、プログラムを短くできます。たとえば、「全部のデータを10倍する」「たくさんの画像の大きさを全部揃える」など、複数のデータに対して同じ処理を行いたい場合に便利です。for文の基本的な書き方は以下のとおりです。

> **for 変数 in シーケンス:**
> 　**要素ごとに行う処理**

　取り出した要素は変数に入ります。変数の名前は任意に指定してかまいません。forの中で行う処理をインデントして記述するのはif文と同様です。for文でもっとも多く使うのは、rangeと組み合わせた繰り返し処理でしょう。

```
001  sum_val = 0
002
003  # rangeで1から100までのシーケンスを作成
004  for i in range(1, 101):
005    # 要素を1つずつ変数iに取り出してsum_valに加算する
006    sum_val = sum_val + i
007
008  print("1から100までの合計は", sum_val, "です")
```

実行結果は以下のとおりです。

1から100までの合計は 5050 です

　シーケンスとfor文を組み合わせると、効率的なプログラミングができます。以下は、与えられた文章が回文かどうかを判定するプログラムです。ここでのポイントは「文章は違っても、回文かどうかを判定する処理は同じ」という点です。新しい文章を判定したい場合は、wordsの内容を変えるだけで済みます。

```
001  words = ["しんぶんし", "たしました", "ひきました"]
002
003  for w in words:
004      # 文字列もシーケンス。[::-1]は文字列を末尾から逆順に取得する
005      w_rev = w[::-1]
006      if(w == w_rev):
007        print(w, "は回文です")
008      else:
009        print(w, "は回文ではありません")
```

実行結果は以下のとおりです。

　　しんぶんし は回文です
　　たしました は回文です
　　ひきました は回文ではありません

シーケンスとfor文を組み合わせると便利なんですね

そうだね。for文は同じ処理を繰り返すから
シーケンスと相性がいいんだ

CHAPTER 2

Pythonの基本を学ぼう

リスト内包表記

　リストの ［...］ の中でfor文を使った書き方が「リスト内包表記」です。少し難しい書き方ですが、Pythonのプログラミングではときどき使うので、覚えておくとよいでしょう。リスト内包表記を使うと、複雑なリストを一度に作成できます。基本的な書き方は以下のとおりです。

［式 for 変数 in シーケンス if 条件］

　「if 条件」に合うシーケンスの要素を1つずつ取り出して変数に取得し、式を実行します。それをすべての要素に対して行った結果が、新しいシーケンスとして返ります。

　「if 条件」は省略できます。式には関数やif文（1行で記述する方法）も記述できます。以下はリスト内包表記を使用して、アスタリスク「*」のシーケンスを作成する例です。

```
001    ["*" * i for i in range(1, 10)]
```

実行結果は以下のとおりです。

```
['*',
 '**',
 '***',
 '****',
 '*****',
 '******',
 '*******',
 '********',
 '*********']
```

while文

while文は条件が満たされている間、処理を繰り返します。基本的な書き方は以下のとおりです。

while 条件：
    処理

for文で例示した、1から100までの合計を計算するプログラムをwhile文を使って書くと、以下のようになります。

```
001  sum_val = 0
002  i = 1
003
004  while i <= 100:
005      sum_val = sum_val + i
006      i = i + 1
007
008  print("1から100までの合計は", sum_val, "です")
```

実行結果は以下のとおりです。

    1から100までの合計は 5050 です

for文とwhile文は、どちらを使えばよいのですか？

一般的にいえば、繰り返す回数が決まっている場合はfor文、決まっていない場合はwhile文を使うことが多いね

Python の基本を学ぼう

while文を使う場合には、処理がいつまでも終わらない、いわゆる無限ループにならないよう注意しましょう。たとえば、図2-3-1のように「i = i + 1」の記述を忘れると、条件がずっと真のままのため、いつになっても処理が終わりません。このような場合、セルの左側の停止ボタンをクリックすると、処理を強制終了することができます。

▼図2-3-1

```
sum_val = 0
i = 1

while i <= 100:
  sum_val = sum_val + i

print("1から100までの合計は", sum_val, "です")
```

停止ボタンをクリックすると、強制終了できる。

Section 04 便利なツール集「関数」を使ってみよう

+++ 関数とは何か

　関数は便利なツールで、関数自体もプログラムでできています。関数がないと、どうなるでしょうか。たとえば、print関数がなければ、以下のようなプログラムを作成しなくてはなりません。

- ・値を受け取る
- ・値の型に合わせて、表示形式を決める
- ・画面に表示する
- ・上記をすべての値に対して繰り返す

　このプログラムを作成するのは大変ですね。このように、よく使いそうな処理をあらかじめプログラミングしておき、簡単に利用できるようにしたのが関数です。

　関数で大切なことは「関数が内部でどのようにプログラミングされているか知らなくても利用できる」という点です。print関数の実装を知らなくてもprint関数を使うことはできます。この考え方は後述するユーザー定義関数などでも重要ですので、覚えておきましょう。

引数と戻り値

　関数に値を渡すには引数、関数から値を受け取るには戻り値を使いま

す。引数や戻り値は、あらかじめ関数ごとに決められています。たとえば、引数がない関数、戻り値がない関数もあります。具体的な例で確認しましょう。

```
001   mylist = list(range(1, 11))
002
003   # print関数は引数に値を指定する。戻り値はない
004   print(mylist)
005
006   # len関数は、引数にシーケンスを指定する。戻り値はシーケンスの長さとなる
007   mylist_len = len(mylist)
008
009   print(mylist_len)
```

実行結果は以下のとおりです。

> [1, 2, 3, 4, 5, 6, 7, 8, 9, 10]
> 10

組み込み関数

　これまでprintやlen、sumなどの関数を使ってきました。これらの関数は組み込み関数といい、準備しなくても、どこでも使用できます。すでに紹介したものも含め、主な組み込み関数を以下にまとめます。

▼表2-4-1　数値で使う関数

関数	説明	使用例	結果
abs	絶対値	abs(-10)	10
int	整数に変換	int(3.14)	3
float	浮動小数点数に変換	float(3)	3.0
pow	べき乗	pow(3, 2)	9
round	指定した桁数で四捨五入	round(3.141592, 3)	3.142

▼表2-4-2　文字列で使う関数

関数	説明	使用例	結果
str	文字列に変換	str(3.14)	'3.14'
len	文字数を数える	len("こんにちは!")	6

▼表2-4-3　シーケンスで使う関数

関数	説明	使用例	結果
len	要素の数	len([1, 2, 3])	3
sum	要素の値の合計	sum([1, 3, 5])	9
min	最小値	min([-2, 0, 2])	−2
max	最大値	max([-2, 0, 2])	2

▼表2-4-4　型を生成する組み込み関数

関数	説明	使用例	結果
bool	真偽	bool(0)	False
dict	辞書	dict([("one", "いち")])	{'one': 'いち'}
list	リスト	list("Hello")	['H', 'e', 'l', 'l', 'o']
range	range	range(0, 10)	0から9までのrange型
set	セット	set([1, 2, 3, 2, 1])	{1, 2, 3}
tuple	タプル	tuple(range(1, 10, 3))	(1, 4, 7)

CHAPTER 2

Pythonの基本を学ぼう

▼表2-4-5　そのほかの組み込み関数

関数	説明	使用例	結果
input	値の入力	val=input()	入力した値がvalに設定される
print	値の表示	print("Hello!")	Hello!
type	型の表示	type([1,2,3])	list

組み込み関数ってたくさんあるんですね

そうだね。使っているうちに覚えるから無理して暗記
しなくていいよ。必要なときに、このページを参照しよう

ピリオド「.」に続けて書く関数

　関数には、組み込み関数のように「関数名（引数）」という形式で使用するもののほかに、変数や値にピリオド「.」で続けて記述するものがあります。たとえば、リストに対するappend関数です。

```
mylist.append(12)
```

　これは、文字列や数値、リストなどの「何らかの型や値」に属する関数であることを、よりわかりやすく表現した記法です。この書き方は後述するライブラリを使用した場合にも多く用いられます（その場合には、モジュールに属する関数という意味になります）。参考までに挙げておくと、専門用語では以下のように呼んでいます。

・何らかの型：クラス
・何らかの型の値：オブジェクト、インスタンス
・属する関数：メソッド、メンバ、プロパティ

+++ ライブラリとは何か

Pythonでは、組み込み関数以外にも多くの関数を使用することができます。それらの関数を総称して「ライブラリ」と呼びます。ライブラリには用途ごとに多くの種類があり、Pythonでは「モジュール」という単位でまとめられています（本書ではモジュールの総称としてライブラリと表現します）。

次の表は、よく利用するライブラリの一部です。

▼表2-4-6

ライブラリ	用途
datetime	日付や時刻を扱う
math	数学関数
random	疑似乱数の生成
os	オペレーティングシステムとのやりとり
numpy	行列演算
matplotlib	グラフを描画する
pandas	データ分析
scikit-learn	機械学習

 ライブラリとモジュールは違うんですか？

 ほとんど同じ意味と思っていいよ

ライブラリを利用するには、import文を使ってモジュールをプログラムに読み込みます。基本的な書き方は以下のとおりです。なお、「as 別名」は省略可能です。

CHAPTER 2

Pythonの基本を学ぼう

import モジュール名 as 別名

関数を使用するには、以下のように記述します。

モジュール名.関数名(引数)

ここでは、randomモジュールを例に使い方を確認しましょう。random 関数で乱数が生成されるので、実行結果は毎回異なります。

```
001    import random
002
003    # 0.0から1.0の範囲の乱数を生成する
004    val1 = random.random()
005    print(val1)
006
007    # 与えられた範囲「range(1, 101)」からランダムに10個の要素を
       取得してリストとして返す
008    val2 = random.sample(range(1, 101), 10)
009    print(val2)
```

実行結果は以下のとおりです。

0.601881232065888
[31, 45, 5, 24, 55, 38, 25, 96, 80, 97]

モジュールから、さらに関数を指定して読み込むこともできます。モジュール名が長い場合や、複数のモジュールで同じ名前の関数がある場合などに利用します。基本的な書き方は以下のとおりです。なお、「as 別名」は省略可能です。

from モジュール名 import 関数名 as 別名

　ここでは、mathモジュールを例に使い方を確認しましょう。平方根を計算するsqrt関数を指定して読み込んでいることで「math.sqrt」と書かなくても関数を利用できています。

```
001    from math import sqrt
002
003    # 2の平方根
004    print(sqrt(2))
```

実行結果は以下のとおりです。

　　　　1.4142135623730951

ライブラリを使いこなすコツ

　Pythonには膨大な数のライブラリがあり、とても全部を暗記することはできません。そのため、ライブラリを使いこなすには、行いたいことに適したライブラリの情報をいかに検索するかが鍵となります。以下のような手順で考えましょう。

1. 何を行いたいかを「日本語」で考える。例「円の面積を計算したい」
2. 行いたいことをキーワードにWebを検索する。例「Python 円 面積 ライブラリ」
3. 検索結果を参考にプログラム案を考え、使用するライブラリを選定する。例「math.pi」
4. 公式サイトでライブラリの使い方を確認して、プログラムを記述する

　何度も繰り返しているうちに、だんだんと全体のスキルが上がってきます。また、自分が書いた過去のプログラムも参考にできるようになり、効率もぐっと上がります。ぜひ試してみてください。

CHAPTER 2

Pythonの基本を学ぼう

+++ ユーザー定義関数

　これまでは、すでに用意された関数の使い方を確認してきました。実は、関数は開発者自身が作成することもできます。それを「ユーザー定義関数」といいます。ユーザー定義関数を「定義」するには以下のように記述します。なお、ユーザー定義関数は、それを利用するプログラムよりも先に記述しておく必要があります。

> def 関数名(引数)：
> 　関数の中で行う処理
> 　return 戻り値

　すでに述べたように、引数は関数に値を渡すもの、戻り値は関数から値を受け取るものです。また、引数や戻り値はあらかじめ関数ごとに決めていて、引数がない関数、戻り値がない関数もあります。
　ユーザー定義関数についても同様です。それに加えて、関数名や関数の中で行う処理も自由に決めることができます。
　ユーザー定義関数を作る際は、外部とのやりとりは引数と戻り値を使って行い、内部の変数や処理は外部から独立させるという点がポイントです。「関数は、内部でどのようにプログラミングされているかを知らなくても利用できる」ということを思い出してください。

 ユーザー定義関数はいつ使うんですか？

 プログラムの「共通化できる部分」をユーザー定義関数にするか検討するといいよ。詳しくは次に説明しよう

それでは早速、ユーザー定義関数の使い方を確認しましょう。今回はfor文で取り上げた、与えられた文章が回文かどうかを判定するプログラムをユーザー定義関数にしてみましょう（P55参照）。まずは元のプログラムです。

```
001  words = ["しんぶんし", "たしました", "ひきました"]
002
003  for w in words:
004      # 文字列もシーケンス。[::-1]は文字列を末尾から逆順に取得する
005      w_rev = w[::-1]
006      if(w == w_rev):
007          print(w, "は回文です")
008      else:
009          print(w, "は回文ではありません")
```

ユーザー定義関数を作るうえでのポイントは、プログラムを「共通化できる部分」と「共通化できない部分」に分けて考えるという点です。「共通化できる部分」がユーザー定義関数にすべき箇所（の候補）になります。

・共通化できる部分：回文かどうかを判定する処理
・共通化できない部分：それぞれの文章

今回は「回文かどうかを判定する処理」をユーザー定義関数にできそうですね。defキーワードと関数名を付け、関数の中の処理をインデントしておきましょう。

CHAPTER 2

Pythonの基本を学ぼう

```
001    def check_palindrome():
002      for w in words:
003        #  文字列もシーケンス。[::-1]は文字列を末尾から逆順に取得する
004        w_rev = w[::-1]
005        if(w == w_rev):
006          print(w, "は回文です")
007        else:
008          print(w, "は回文ではありません")
```

　次に、引数と戻り値を考えてユーザー定義関数に追加します。中の変数名も引数に合わせて変更しておきましょう。

・引数：回文かどうかを判定する文章。check_wordsという引数で
**　受け取る**
・戻り値：なし

```
001    def check_palindrome(check_words):
002      for w in check_words:
003        #  文字列もシーケンス。[::-1]は文字列を末尾から逆順に取得する
004        w_rev = w[::-1]
005        if(w == w_rev):
006          print(w, "は回文です")
007        else:
008          print(w, "は回文ではありません")
```

　最後に、関数を呼び出す部分を修正して完成です。プログラム全体は以下のようになります。

```
001    def check_palindrome(check_words):
002      for w in check_words:
003        # 文字列もシーケンス。[::-1]は文字列を末尾から逆順に取得する
004        w_rev = w[::-1]
005        if(w == w_rev):
006          print(w, "は回文です")
007        else:
008          print(w, "は回文ではありません")
009
010    words = ["しんぶんし", "たしました", "ひきました"]
011    check_palindrome(words)
```

ユーザー定義関数の正解は1つとは限りません。以下は回文をチェックする部分だけをユーザー定義関数に分けた例です。

```
001    def check_palindrome(check_word):
002      # 文字列もシーケンス。[::-1]は文字列を末尾から逆順に取得する
003      w_rev = check_word[::-1]
004      return w == w_rev
005
006    words = ["しんぶんし", "たしました", "ひきました"]
007
008    for w in words:
009      if(check_palindrome(w)):
010        print(w, "は回文です")
011      else:
012        print(w, "は回文ではありません")
```

プログラムが長くなってきたら、ユーザー定義関数の使用を検討しましょう。処理のまとまりごとにユーザー定義関数として整理することで、見通しのよいプログラムを作成することができます。

Pythonの基本を学ぼう

+++ 変数の「スコープ」について

　さて、すでに書いた回文判定プログラムの最後に、check_palindrome 関数の中の変数「w」を表示するプログラムを追記して実行してみましょう。

```
001  def check_palindrome(check_words):
002    for w in check_words:
003      # 文字列もシーケンス。[::-1]は文字列を末尾から逆順に取得する
004      w_rev = w[::-1]
005      if(w == w_rev):
006        print(w, "は回文です")
007      else:
008        print(w, "は回文ではありません")

009  words = ["しんぶんし", "たしました", "ひきました"]
010  check_palindrome(words)
011  # check_palindrome関数の中の変数「w」を表示する
012  print(w)
```

　結果は以下のようにエラーとなってしまいました。追加した行でエラーが発生しており「NameError：name 'w' is not defined」というエラーメッセージから「wという変数が存在していない」ことが原因とわかります。

　　しんぶんし は回文です
　　たしました は回文です
　　ひきました は回文ではありません

```
NameError                          Traceback (most recent call
last)
<ipython-input-5-29b55e2989f9> in <module>
    10 words = ["しんぶんし", "たしました", "ひきました"]
    11 check_palindrome(words)
---> 12 print(w)
NameError: name 'w' is not defined
```

このエラーが生じた原因は、関数の中で定義した変数は、関数の中だ
けで有効であるためです。この変数の有効範囲のことを「スコープ」と
呼びます。

また、関数の外で定義した変数を「グローバルスコープ」と呼びます。
グローバルスコープの変数はどこからでも参照できます。今回のプログ
ラムでは「words」がグローバルスコープの変数、check_wordsやwが
関数内のスコープの変数となります。

スコープって何の役に立つんですか？

有効範囲を限定することで、誤って変更することを
防いだり、プログラムの見通しをよくする効果があるんだ

なるほど！使っている場所が限定されて
いるほうがわかりやすいですもんね！

CHAPTER 2

Pythonの基本を学ぼう

スコープを意識すると、わかりやすいプログラムを書くことができます。以下のような点に気を付けるとよいでしょう。

- 変数名は関数名と異なるようにする：名前が重複すると混乱してしまいます。前述した予約語とも重複しないようにしましょう
- ユーザー定義関数を作る際は、外部とのやりとりは引数と戻り値を使って行う：ユーザー定義関数の中でグローバルスコープの変数を直接使うと、プログラムの見通しが悪くなってしまいます。「関数が内部でどのようにプログラミングされているか知らなくても利用できる」ことを思い出してください。関数内部の変数や処理は外部から独立している状態が理想です

● データの種類のことを「型」と呼び、型には多くの種類がある
● 変数はわかりやすい名前にし、命名規則に従う。予約語は使えない
● 数値や文字列、真偽について、それぞれ対応した演算子や関数がある
● 「シーケンス」とは複数の要素をまとめて扱う仕組みである。リストやrange、タプルなどの種類がある
● リストは入れ子にできる。入れ子の階層を「次元」と呼ぶ
● リストから要素を取り出すことを「スライス」と呼ぶ
● rangeは一定範囲の整数の数列を作るのに便利なシーケンスである
● 制御フロー文としてif文やfor文、while文などがある
● 関数は便利なツールであり、関数自体もプログラムでできている
● 関数自体の実装は、利用者は知らなくてよい
● 関数と値をやりとりするには引数と戻り値を使う
● Pythonでは組み込み関数と、多くのライブラリを使用できる
● ユーザー定義関数を使うと、自分で関数を定義できる

情報の参照先

▼ Pythonの型（組み込み型）
https://docs.python.org/ja/3/library/stdtypes.html

▼ 制御フロー文（Pythonチュートリアル）
https://docs.python.org/ja/3/tutorial/controlflow.html

▼ 組み込み関数
https://docs.python.org/ja/3/library/functions.html

▼ ライブラリ（標準ライブラリ）
https://docs.python.org/ja/3/library/index.html

「かっこいい」プログラムの書き方

　プログラミングを行っていると、ソースコードを書く時間より、読んでいる時間のほうが長いことに気づきます。読む対象は、公式サイトのサンプルプログラムをはじめ、他の人が書いたプログラム、自分が過去に書いたプログラムなどです。

　書き方が一般的で、読みやすくわかりやすいプログラムは、読んでいて気持ちがよく、ためになるものです。そんな「かっこいい」プログラムを作成するには、プログラマーの共通認識的な書き方のルールに合わせる必要があります。プログラムの書き方のルールのことを「コーディング規約」と呼びます。Pythonには、古くから「pep8」というコーディング規約があります。

https://pep8-ja.readthedocs.io/ja/latest/

　ここではpep8からいくつか具体例を紹介します。なお、pep8にも書いてあるように、無理矢理すべてをpep8のスタイルガイドに合わせる必要はなく、関連するプログラム間で一貫性が保たれているほうが重要です。

インデントのスペース数を揃える

　pep8では「スペースを4つ使う」と記載されていますが、Colaboratoryでは2つがデフォルトで、2つで問題ありません。

```
001   if num % 2 == 0:
002     message = "2で割り切れる"
```

1行の長さを79文字までに制限する

　1行の長さは、最大79文字までを目安にすると記載されています。この数字は大昔のコンピューターで1行に入力できる文字数からきていますが、読みやすさという点では現在でも有効です。1行が長くなるようであれば、途中で改行し、インデントをして続きの行に書きましょう。なお、行の途中で改行するには「\」を使用します

```
001    print(100 + 200 + 300 +\
002        400 + 500)
```

文字列の引用符を揃える

　基本的にダブルコーテーション「"」かシングルコーテーション「'」のどちらかに揃えましょう。文字列中に引用符を含む場合は、例外的に逆の引用符で囲うようにします。

```
001    mystr = "シングルコーテーションとは'という文字です"
```

式や文中の空白文字

　これがもっともわかりづらいかもしれません。

・**カッコ：開始カッコの右側、閉じカッコの左側には空白を入れない**
・**カンマやセミコロン：直前には空白を入れない、直後に空白を入れる**

```
001    print("あなたの適正体重は以下です。")
002    print(weight, "kg")
```

- 二項演算子：空白を1つ入れる、または空白を入れない
（筆者は空白を入れるほうが好みです）

```
001    weight = height * height * 22
```

- 無駄なスペースを入れない：複数行の演算子を揃えるための
スペースは不要

```
001    # 悪い例。my_weightの幅に合わせ、heightとbmiに
       無駄なスペースを入れている
002    height    = 1.8
003    bmi       = 22
004    my_weight = height * height * 22
```

- スライスのコロン「:」の前後には空白を入れない

```
001    mylist[0:2]
002    mylist[::2]
003    mylist[4::-1]
```

import文は行を分けて書く

```
001    # よい例
002    import sys
003    import os
004
005    # 悪い例
006    import sys, os
```

命名規則

- 関数や変数の名前：すべて小文字で、単語の間はアンダースコ

アで区切る。1文字目に数字は使えない。予約語は使えない
・クラスの名前：先頭を大文字で記載　例「StatusMonitor」
・定数：すべて大文字で、単語の間はアンダースコアで区切る

　なお、クラスとは独自の型を作成するような機能ですが、本書では扱いません。また、定数は値が変わらない変数を明示するために使います。

Pythonの基本を学ぼう

機械学習の概要を
理解しよう

本章では、 機械学習の仕組みや概要、 実務における

機械学習の手順について解説します。

これらの基礎知識を学び、 機械学習のプログラムの

意味や役割を確認していきましょう。

Section 01 機械学習とは何か

「機械学習」と聞いてイメージがわかなくても、「AI」と聞くと車の自動運転やロボットなど、いくつか思い浮かぶのではないでしょうか。機械学習とはAI技術の中心となるもので、英語では「Machine Learning」（マシンラーニング）と呼ばれます。ここでいう機械（Machine）とはプログラムのことです。機械学習とは「プログラムがデータの特徴を学び、予測を行う仕組み」なのです。

それでは、どのようなAI技術に機械学習がどう使われているか、いくつか具体的な例で確認していきましょう。

スマートフォンやパソコンの顔認証システム

© metamorworks - stock.adobe.com

最近では、画面を見るだけでロックが解除される顔認証システムを搭載したスマートフォンやパソコンも増えてきました。顔認証システムを利用するには、まず「自分の顔」を登録する必要があります。しかし、顔は日々刻々と変化しているため、「まったく同じでなくても、本人の特徴

が一致していたらOK」という微妙な判定を行う必要があります。

　そこで用いられるのが機械学習です。顔認証システムでは、あらかじめ大量の画像データで「顔」とはどのようなものかを学習しておきます。ここに「自分の顔」の画像データを学習させることで、顔の中でも「自分の顔」だけを区別できるようになるというわけです。

スマートスピーカーの音声認識

　スマートスピーカーは声で家電を操作したり、音楽を再生したり、検索を行ったりするスピーカーのことで、GoogleやAmazon、Apple、LINEなど多くの会社から発売されています。

　ここにも機械学習が使われています。あらかじめ大量の音声データで学習しておくことは顔認証システムと同様ですが、言葉には無限のバリエーションがあり、機器単独ではとても対応できません。

　そのため、スマートスピーカーは機器単独ではなく、インターネット上にある巨大な音声認識のプログラムと連携しながら、さまざまな機能を実現しています。ちなみに、ほとんどのスマートスピーカーは方言は認識できないのですが、それは事前の学習データの中に含まれていないからです。

ECサイトでおすすめ商品を表示する仕組み（レコメンド）

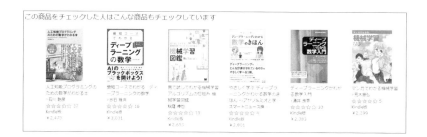

　「おむつとビール」という事例があります。夕方5時ぐらいにおむつを買う顧客はビールも買う可能性が高いことがわかった、というデータ分析初期の有名な事例です。母親が父親におむつの購入を依頼し、父親はついでにビールも買うからだとされています。

　このように、目には見えない関係性を分析し、おすすめの商品の提示などに活用する仕組みが「レコメンド」です。機械学習は、似たような購買履歴を持つ顧客データをグループ分けしたり、おすすめの商品を選ぶ際などに利用されています。

　そのほかにも「テーマパークの入場者数の予測」や「コンビニやスーパーなどの商品の売上予測」など、機械学習はすでに私たちの身の回りで広く活用されています。また、AI技術に関するニュースも毎日のように目にする機会があります。この先の内容を読むと、それらのAI技術にどのように機械学習が使われているか、イメージできるようになります。それでは先に進みましょう！

私にはAI技術は魔法のように思えますが、イメージできるようになりますか？

「十分に発達した科学技術は魔法と見分けがつかない」という言葉もあるからね。機械学習は魔法でないから心配無用だよ

+++ AIと機械学習の違い

AIとは「Artificial Intelligence」の略です。言葉としては機械学習よりも広い意味を持ち、「これまで人間にしかできないと思われてきた知的な行為をコンピューターに行わせること」を研究する分野の総称です。つまり、事務処理やゲームなど、さまざまな「コンピューターに行わせること」の一部としてAIという分野が存在するということです。

▼図3-1-1

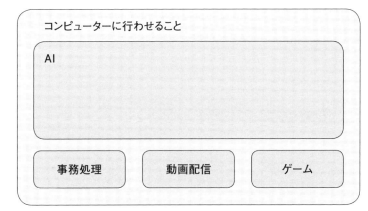

AIは、このように事務処理や動画配信、ゲームなどと並立するものだ。

さらに、AIには哲学者ジョン・サールが考えた「強いAIと弱いAI」という2つのタイプがあります。

強いAI

「強いAI」とは、精神を持ったロボットのようなイメージです。強いAIは現在の技術では、まだ実現できていません。今後、技術が急加速し、

2045年頃に人間の知性を超えると予測されていますが、不確定です。

　ちなみに、日本人は古くから「ドラえもん」や「鉄腕アトム」などのアニメーションで慣れ親しんでおり、精神を持ったロボットに抵抗感がありませんが、海外では根強い抵抗感があるようです。

弱いAI

　「弱いAI」とは、特定の問題を解決することに特化しているAIのことです。「ご飯を上手に炊く」とか「写真をきれいに補正する」といったことを行うのがこのAIで、実際に研究が進んでいます。

　弱いAIには、意思決定システムやファジー理論などさまざまな研究テーマがありますが、その中の1つで現在もっとも盛んに研究されているのが機械学習です。まとめると、次の図のようになります。

▼図3-1-2

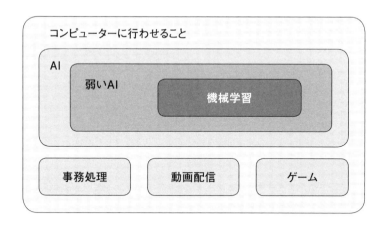

　それでは次に、機械学習の種類を確認しましょう。

+++ 機械学習の種類

　機械学習は「プログラムがデータの特徴を学び、予測を行う仕組み」と述べました。機械学習には大きく分けて「教師あり学習」と「教師なし学習」、「強化学習」の3つの種類があります。

▼図3-1-3

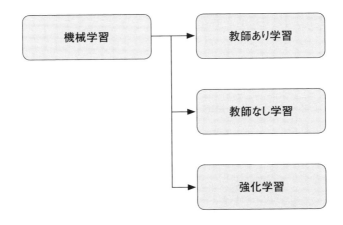

　本書では「教師あり学習」と「教師なし学習」について詳しく紹介し、やや発展的な内容である「強化学習」については簡単に補足する程度に留めます。

CHAPTER 3

機械学習の概要を理解しよう

教師あり学習

　教師あり学習は、データと正解との対応を学習させて、データだけを与えたときに正解を予測させる仕組みです。教師あり学習は、さらに回帰問題と分類問題に分けられます。

・回帰問題：売上や気温、入場者数などの「数値」を予測する
・分類問題：花の種類や話している言葉などの「種類」を予測する

　また、データと正解には複数の呼び方があります。紛らわしいので、ここで整理しておきましょう。

・データ：観測した値。説明変数や特徴量、独立変数、予測変数などとも呼ばれる
・正解：予想したい対象。目的変数やラベル、応答変数、従属変数などとも呼ばれる

教師あり学習の「教師」ってどういう意味ですか？

「正解」という意味だね。正解とデータの
ペアを学習させるのが教師あり学習なんだ

　はじめに回帰問題について説明します。例として、あるコンビニにおける缶コーヒーの売上本数を予測してみましょう。売上本数は単純に気温だけに比例するとします。目的変数が売上本数、説明変数が気温という関係です。最近1週間の気温と売上本数との関係は以下のとおりでした。季節は冬、ちょっと寒い地方のお話です。

▼表3-1-1

気温(℃)	売上本数
12	342
5	203
0	100
1	120
4	182
13	361
11	319

　この表の売上本数と気温との対応づけを学習します。学習するプログラムのことをモデルと呼びます。「機械学習のモデルに学習させる」などというとかっこいいですね。モデルは数学の数式のようなものがプログラミングされていて、多くの種類があります。たとえば、中学校で学んだ1次関数も立派なモデルです（線形モデルと呼びます）。

　　　y = ax + b

　今回はこれをモデルとして使いましょう。yが売上本数、xが気温です。aとbはパラメータと呼びます。学習とは、実際のデータをもとにこれらのパラメータを調整することです。パラメータの調整は以下のようにして行います。

1. 最適なパラメータを求める関数を作成する。この関数のことを「目的関数」と呼ぶ
2. パラメータに適当な値を設定する
3. 実際のデータを読み込んで、目的関数の値を計算する
4. 目的関数の傾きを利用して、パラメータの値が適切になるように、パラメータの値を少しだけ増やす（もしくは減らす）
5. 変更後のパラメータの値で3.の手順を行う。これを繰り返すと、パラ

CHAPTER 3

機械学習の概要を理解しよう

メータが最適な値に近づく

4.の「目的関数の傾きを利用して、パラメータの値が適切になるように」変更できるのは不思議な気がしますね。

ここでは目的関数に「モデルで予測した値」と「実際の値」との「誤差の2乗の合計」を表す関数を指定します。この目的関数の値は「誤差の2乗の合計」、すなわち予測の誤差の合計なので、目的関数の値を小さくするようなパラメータの値が最適となります。このような手法を最小二乗法と呼びます。ちなみに「誤差の合計」ではなく「誤差の二乗の合計」なのは、誤差にはプラスとマイナスがあるためです。さて、目的関数は二乗なので以下のような形になります。横軸がパラメータ、縦軸が目的関数の値で、凸の頂点部分で目的関数の値が最小となります。

▼図3-1-4

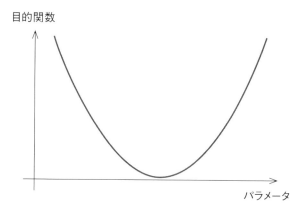

2.でパラメータに適当な値を設定したスタート地点が右上の点です。ここでのポイントは「最終的なゴール地点」がわからなくても、現在のグラフの傾きから「パラメータをどちらの方向に調整すればよいか」はわかるという点です。

　スタート地点では、グラフは「左側に下がっている」ので、左側にボールを転がすようにパラメータを少しだけ調整すればよいことがわかります。

　調整する幅を「学習率」と呼びます。学習率は「ほどよく、少しだけ」にするのもポイントです。学習率が小さすぎると学習が進みませんし、大きすぎるとゴールを飛び越えてしまうのがグラフからイメージできるでしょう。なお、実際には、これらの計算は微分を使って行います。

▼図3-1-5

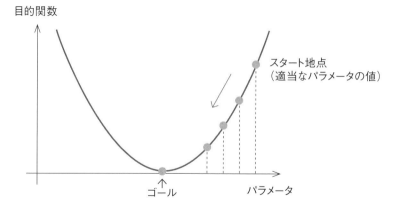

　それでは、適当なパラメータの値と最適なパラメータの値とで「誤差の2乗の合計」の違いを確認していきましょう。話がわかりやすくなるように、パラメータbの値は決めておきます。気温が0℃のときの売上本数は100本というデータがあるので、bは100としましょう。そうするとモデルの式は以下のようになります。

　　　y = ax + 100

　まずはaを30として、表3-1-1に当てはめてみましょう。

▼表3-1-2

x：気温(℃)	実際の売上本数	y：予測の売上本数	誤差	誤差の2乗数
12	342	460	118	13,924
5	203	250	47	2,209
0	100	100	0	0
1	120	130	10	100
4	182	220	38	1,444
13	361	490	129	16,641
11	319	430	111	12,321
			合計	46,639

　aの値が30のとき、目的関数の値は46,639でした。次に、aの値を20にして計算してみましょう。

▼表3-1-3

x：気温(℃)	実際の売上本数	y：予測の売上本数	誤差	誤差の2乗数
12	342	340	−2	4
5	203	300	−3	9
0	100	100	0	0
1	120	120	0	0
4	182	180	−2	4
13	361	360	−1	1
11	319	320	1	1
			合計	19

　目的関数の値は19で、格段に小さくなりました。目的関数の値が小さいと、実際の値と予測した値との誤差も小さいことが確認できます。このようにして、最適なパラメータの値を計算することで「学習済の機械学習のモデル」を手に入れることができます。このモデルを使うと、気温から売上本数の予測ができます。たとえば、気温が18℃の売上本数は460本と予測されます。

20 × 18 + 100 = 460

この考え方を応用すると、分類問題も解くことができます。缶コーヒーを仕入れるか仕入れないかという2択の分類問題を考えてみましょう。仕入れの基準が売上本数200本以上だとすると、仕入れる確率は以下のように表すことができます。

$$\begin{cases} 100\% & 20 \times x + 100 \geqq 200 \\ 0\% & 20 \times x + 100 < 200 \end{cases}$$

数値を予測するのが回帰問題ですね

そうだね。そして、種類を予測するのが分類問題だよ

ただ、200本で100%なのに、199本で0%というのは極端な回答ですね。実際の分類問題では、結果は緩やかに変化する確率で表されます。たとえば、200本の場合は仕入れる確率50%、300本の場合は80%です。これにより、天気予報や音声認識（話している言葉の認識）のような曖昧さを持つ問題にも、機械学習を応用できるようになります。

以上が教師あり学習の仕組みです。実際のモデルでは数式を1次関数よりも複雑なものを使っていたり、複数のパラメータの最適値を求めたりして、もう少し複雑ですが、本質的な考え方は同じです。「データの特徴をプログラム自身に学習させて予測などを行う仕組み」が理解できたでしょうか。

機械学習の概要を理解しよう

教師なし学習

　教師なし学習は、データの特徴をもとにグループに分ける仕組みです。ECサイトのおすすめ商品を表示する仕組み（レコメンド）は、教師なし学習を使っています。例として老舗のお寿司屋さんで、教師なし学習によるレコメンドシステムを導入したとしましょう。A〜Cさんが注文したネタは以下のとおりでした。注文は1人5品までです。

▼表3-1-4

顧客	コハダ	中トロ	ホッキ貝	車海老	赤身	ウニ	しめ鯖	大トロ	玉子
A	1	0	0	0	1	0	1	1	1
B	0	1	1	1	0	1	0	1	0
C	0	1	0	1	1	0	1	1	0

　ここで、新たな顧客Dさんが来店します。Dさんは以下の4品を注文しました。

▼表3-1-5

顧客	コハダ	中トロ	ホッキ貝	車海老	赤身	ウニ	しめ鯖	大トロ	玉子
D	1	1	0	0	1	0	0	1	0

　Dさんに、あと1品何をおすすめすればよいか、A〜Cさんの注文を参考に考えてみましょう。教師なし学習は、データの特徴をもとにグループに分けます。Dさんと同じ注文をした点数を計算してみます。

▼表3-1-6　Aさんの点数

顧客	コハダ	中トロ	ホッキ貝	車海老	赤身	ウニ	しめ鯖	大トロ	玉子	合計
A	1	0	0	0	1	0	1	1	1	
D	0	1	0	1	1	0	0	1	0	
点数	0	0	0	0	1	0	0	1	0	2点

同様に、Bさんの点数とCさんの点数も計算します。

▼表3-1-7 Bさんの点数

顧客	コハダ	中トロ	ホッキ貝	車海老	赤身	ウニ	しめ鯖	大トロ	玉子	合計
B	0	1	1	1	0	1	0	1	0	
D	0	1	0	1	1	0	0	1	0	
点数	0	1	0	1	0	0	0	1	0	3点

▼表3-1-8 Cさんの点数

顧客	コハダ	中トロ	ホッキ貝	車海老	赤身	ウニ	しめ鯖	大トロ	玉子	合計
C	0	1	0	1	1	0	1	1	0	
D	0	1	0	1	1	0	0	1	0	
点数	0	1	0	1	1	0	0	1	0	4点

　この結果から、Dさんと似ている注文をしているのはCさんだとわかります。データの特徴をもとに、Dさんに似ているCさんを見つけることができました。これが教師なし学習の考え方です。

　では最後に、本来の目的である、Dさんにあと1品おすすめするネタを考えてみましょう。これはとても簡単で、「Dさんがまだ注文していない、かつCさんが注文しているネタ」をおすすめすればよいのです。お寿司屋さんの主人は、上記の表を参考にしてDさんに「しめ鯖」をおすすめし、Dさんはとても満足することができました。

教師なし学習ってどんなところで使われているんですか？

ECサイトでおすすめ商品を表示する仕組みなど、
多くのところで使われているよ

機械学習の概要を理解しよう

強化学習

　強化学習とは、現在の状況をもとに取るべき行動を決定することを学習する仕組みです。人間のプロ棋士に勝った囲碁や将棋などロボットのプログラムには強化学習が使われています。強化学習は教師あり学習と似ていますが、きちんとした正解が与えられません。連続した行動を試行錯誤する中で、適切な行動をしたらインセンティブ（報酬）を与えることを繰り返して、学習を行います。

　教科学習はゲームのプログラムだけではなく、後述する自動運転や、産業用ロボットのプログラムなど多くの場面で用いられるようになってきています。

PRESS RELEASE

2015年春「将棋電王戦FINAL」開催
2016年より「電王戦タッグマッチ」の本格開催が決定

◆ 記念イベント「電王戦タッグマッチ2014」を9/2より3日間開催 ◆
◆ 電王戦公式スマホゲーム"モリシタ集め"本日リリース ◆

株式会社ドワンゴ
公益社団法人 日本将棋連盟
2014年8月29日

👍 いいね！ 0 　　🐦 ツイート

　株式会社ドワンゴ（本社:東京都中央区、代表取締役社長:荒木隆司　以下、ドワンゴ）および公益社団法人 日本将棋連盟（東京都渋谷区、会長:谷川浩司　以下、日本将棋連盟）は、将棋のプロ棋士と最強コンピュータ将棋が対戦する「将棋電王戦」を2015年の3月から4月にかけて5対5の団体戦形式で開催すると同時に、4回目となる同対局を「将棋電王戦FINAL」と題し、2015年をもって終了することを発表しました。

　2016年からは、これまでの電王戦に代わる棋戦として、人間とコンピュータ将棋がペアを組んで対戦する「電王戦タッグマッチ」を本格開催することに決定しました。
　また、これを記念したエキシビジョンとして、9月20日（土）・23日（火・祝）・10月12日（日）の3日間に渡り「電王戦タッグマッチ2014」を行います。出場者は、電王戦出場経験のある棋士に加え、加藤一二三九段、久保利明九段、中村太地六段ら総勢12名のプロ棋士。コンピュータとの共存をテーマに、将棋ソフトが示す指し手を参考に最善手を判断しながら競い合います。
　尚、「電王戦タッグマッチ2014」は公開対局で、本日より一般観覧を募集します。

将棋では、トッププロとプログラムが戦う「電王戦」が注目を集めた。

CHAPTER 3

Section 02 機械学習とディープラーニング

+++ 自動運転では何を行っているのか

　ここまで説明した機械学習の考え方をもとにすると、自動運転で行っていることと、自動運転では何が技術的に難しいかも説明できるようになります。実際の自動運転の仕組みがすべてこのようになっているということではなく、考え方ということです。まずは、車の運転に関する主要な情報を目的変数と説明変数に分けて整理します。

- 目的変数：ハンドルの角度、アクセルの踏み込み、ブレーキの踏み込み
- 説明変数：視覚（画像）情報、現在の速度や加減速度、現在の目的変数の状態、路面状況、目的地への進行方向、道路に関する法規制など

　必要な情報が整理できたらデータ収集を行います。すなわち、実際に人が運転して、見本となる運転データを大量に集めます。現在も世界各地で盛んにデータ収集が行われています。

　収集したデータはそのままだと雑多すぎるので、状況ごとに教師なし学習を使ってグループ化したり、見本とならない運転データを除去し、画像にどんな物体が写っているかという情報を付与するなどのデータの前処理を行います。

機械学習の概要を理解しよう

このように天井部分にカメラを付け、センサー類を大量に搭載した車を運転してデータを収集する。

　データの準備ができたら、機械学習を行っていきます。たとえば、アクセルの踏み込みについて考えてみましょう。アクセルの踏み込みに対する説明変数は複数あるので、パラメータもそれぞれの説明変数ごとに決める必要があります。

$$\text{アクセルの踏み込み} = a_1 \times \text{画像に人が写っているか} + a_2 \times \text{画像に車が写っているか} + a_3 \times \text{現在の速度} + ... + a_n \times \text{法定速度} + b$$

　このモデルに収集したデータを適用して、パラメータを決めていきます（数式はわかりやすく説明するための例です）。これらをすべての目的変数について行います。これで学習済モデルが得られました。
　次は実践です。リアルタイムに画像情報や速度などの説明変数を与え、適切なハンドルの角度やアクセルの踏み込みといった目的変数の値を予測して、車を制御します。
　以上が自動運転で行っていることです。

自動運転は機械学習をフル活用しているんですね

そうだね。実際はさまざまな手法を組み合わせているんだ

　さて、自動運転について理解が深まると、実現には相当な困難が伴うであろうことも容易に想像がつくようになります。

・非常に短時間で予測を行う必要がある：時速数十kmで走っている車にとっては、予測が1秒遅れても大事故につながる可能性がある
・常に状況を把握し続ける必要がある：急に人が現れる、信号が変わる、道路状況や法規制など。その場における適切な判断を行うため、常に状況を把握する仕組みが必要
・さまざまな状況に対応しなければならない：画像に写っている物体を例にしても、人や車、信号など多くの種類があり、それぞれの位置や動きに合わせて対応しなければならない。また、機器の故障や事故が避けられない場合にも、安全に対応できる仕組みが必要になる

　それでは、完全な自動運転は不可能なのでしょうか。確かに、数年前までは自動運転は実現不可能とされていました。その可能性を切り開いたのがディープラーニングです。

ディープラーニングって名前は聞いたことあります

最近はよくニュースでも取り上げられているね。
これまで人間にしかできなかったような複雑な問題を
解くことができる機械学習の手法として活用されているんだ

┼┼┼ ディープラーニングとは何か

　ディープラーニングは、説明変数が非常に多いような、複雑なモデルを構築するのに向いた機械学習の手法です。ディープラーニングのモデ

CHAPTER
3

機械学習の概要を理解しよう

ルは、単純な部品を複数つなぎ合わせた仕組みになっています。それぞれの部品は次の図のように「入力×パラメータ」の値を集計し、出力しています。この部品のことを「ニューロン」と呼びます。

▼図3-2-1

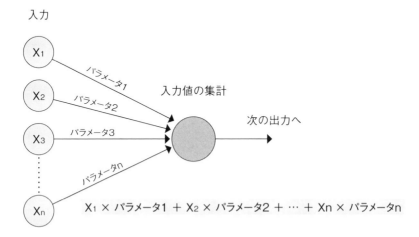

ニューロンをつなぎ合わせると、次の図のようになります。これがディープラーニングのモデルの構造です。すでに説明したニューロンは、左上の部分にあたります。

ディープラーニングのパラメータは、このニューロンを接続する線の太さです。データの特徴を線の太さに反映させることで学習を行います。

▼図3-2-2

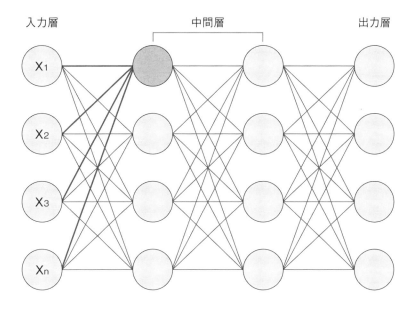

入力層　　　　　　　　中間層　　　　　　　　出力層

ディープラーニングのモデルには、以下のような特徴があります。

- 入力層：入力層の数（X_1からX_nまでの個数）は説明変数の数と一致している。たとえば、画像データを学習するのであれば、入力層の数＝画像のピクセル数となる
- 中間層：中間層の数は任意に指定できる。層の数自体も任意。この「層を深くすることができる」ということが「ディープ」たるゆえんである。層を深くするとパラメータの数も爆発的に増えるため、データの細かな特徴まで学習できることになる。上記の図では中間層は2層だが、最近のモデルでは1000以上になっているものもある
- 出力層：出力層の数は、回帰問題であれば1つ、分類問題であれば分類数と等しくなる

機械学習の概要を理解しよう

ディープラーニングとこれまでの
機械学習はどう違うんですか？

 パラメータの数を多くできるので、複雑な
モデルを構築するのに向いているんだ

　それでは、ディープラーニングのモデルが「ニューロンを接続する線
の太さ」で学習する様子を具体例で確認してみましょう。

　今回は目的変数がアクセルを踏み込む角度、説明変数が画像とします。
話を単純にするため、画像は4つの説明変数「X_1, X_2, X_3, X_4」として受け
取ることにしましょう。まずは次の図のような目的変数（アクセルの踏
み込み）と説明変数（画像）が対応付けられたデータを大量に用意しま
す。

▼図3-2-3

アクセルの踏み込み＝5度

アクセルの踏み込み＝30度

　これらの情報を学習させます。モデルは最初、アクセルの踏み込みと
画像との関連を把握していません。ニューロンを接続する線の太さもす
べて同じです（人間が関連を指示すると、モデルが恣意的になってしま
うので、あえて指示しません）。しかし、複数のデータを与えるにつれ、

アクセルの踏み込み角度とX₃に写っている車の大小の関係が明らかになります。

- **アクセルの踏み込みが小さい：X₃に車が大きく写っている**
- **アクセルの踏み込みが大きい：X₃に車が小さく写っている。または車が写っていない**

　説明変数X_1〜X_4の中でも、特にX_3からの情報が目的変数と強く関連している（相関している）ことをモデルで表現するには、どうしたらよいでしょうか。

　ニューロンからの出力の大きさはX_3の値と線の太さ（パラメータの大きさ）の掛け算で決まりますから、線を太く（パラメータを大きく）すればよいですね。中間層以降も同様です。

　このようにして、すべての説明変数と目的変数との関連を線の太さに落とし込んでいきます。以上が、ディープラーニングのモデルが「ニューロンを接続する線の太さ」で学習する仕組みです。

▼図3-2-4

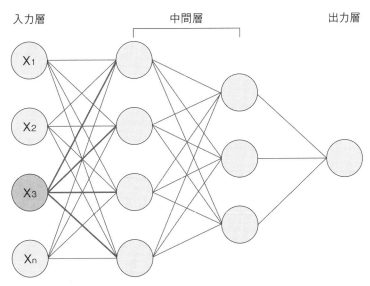

さて、改めて完全な自動運転は可能なのかを考えてみましょう。このような単純な仕組みで、人間と同等の判断が行えるのか、逆に心配になってきたのではないでしょうか。しかし、前述した課題は以下のように解決できる状況が整いつつあります。

- 非常に短時間で予測を行う必要がある：ハードウェアの高性能化、ソフトウェア（アルゴリズム）の進化
- 常に状況を把握し続ける必要がある：地図情報や高性能GPS、道路交通情報（ビーコン）などの情報提供環境の整備、高機能化
- さまざまな状況に対応しなければならない：インターネットの発展による大量のデータを収集、学習できる環境。フェールセーフ（機器の故障や事故が避けられない場合に安全に対応できる仕組み）を実現してきた業界の知見

　つまり、機械学習だけではなく、情報を収集する仕組みやハードウェアの進化に加え、これまで蓄積されてきた業界の知見などが相互に作用しあい、社会全体として問題を解決するという考え方です（これはほかのテクノロジーも同様です）。逆に、このような環境が整ってきたからこそ、機械学習の技術も発展できたといえるでしょう。

 ディープラーニングを使っていれば、これまでの機械学習は使わなくてもいいんですか？

 そんなことはないよ。簡単なモデルで予測できるなら、これまでの機械学習の手法のほうが速くて正確な場合もある。使い分けるといいね

CHAPTER 3

機械学習を業務に取り入れる流れを理解しよう

+++ **どのように機械学習を取り入れるのか**

　この節では、実際に機械学習を業務などに取り入れる際の、計画の立案から運用までの流れをご説明します。全体的な流れとしては以下のとおりです。

1. **計画の立案**
2. **データの収集**
3. **データの前処理**
4. **モデルの構築、学習、評価**
5. **業務などへの導入**
6. **運用、モデルの改善**

　ここから「とりあえず機械学習を使ってみたい」場合には3.〜4.だけ、「機械学習を導入するための予算取りを行う」場合には1.〜2.だけなど、必要に応じて抜粋して利用するとよいでしょう。

　機械学習のプログラムを作成するのは「3.データの前処理」と「4.モデルの構築、学習、評価」がメインです。これについては本書の第4章と第5章でサンプルプログラムとともに詳しく説明します。

1.計画の立案

　はじめに、どのような目的で機械学習を使うかを決める必要がありま

す。問題解決に使用することもありますし、新しい事業にチャレンジするためという場合もあるでしょう。「コンビニで缶コーヒーの売上本数を機械学習で予測し、仕入業務の精度を改善する」のように目的を先に決めることが重要です。「何らかのデータがあるから機械学習に使えないか」という発想では、なかなかうまくいきません。

　また、企業内で行う場合には、後述するデータの収集などを行いやすくするため、経営者などのステークホルダーに話を通しておくことも重要です。

　計画の立案フェーズの成果物は、全体概要を俯瞰でまとめた資料（1〜数枚程度）で、そこには目的と手法の概要、実現しようとしていることのレベル感（予測の精度や応答時間）、関係部署の役割などを記載します。

2.データの収集

　機械学習を行うために必要なデータと収集方法をまとめます。ここでのポイントは関連しそうなデータの見極めです。たとえば、缶コーヒーの売上予測に「太陽の黒点の数」のようなデータは収集しないということです。関連性が低かったり、収集がとても難しかったり、関連がわかっていても制御できなかったりするようなデータは対象外とします。

　データを収集する際は以下の点を確認し、対象データの一覧表としてまとめます。次のデータの前処理工程が楽になるよう、「CSV形式（カンマ区切りのテキストデータ）」のような、なるべく統一されたファイル形式で収集することが重要です。対象データが決まったら情報の提供を依頼します。

	A	B	C	D	E
1	SepalLength	SepalWidth	PetalLength	PetalWidth	Name
2	5.1	3.5	1.4	0.2	Iris-setosa
3	4.9	3	1.4	0.2	Iris-setosa
4	4.7	3.2	1.3	0.2	Iris-setosa
5	4.6	3.1	1.5	0.2	Iris-setosa
6	5	3.6	1.4	0.2	Iris-setosa
7	5.4	3.9	1.7	0.4	Iris-setosa

CSV形式なら、このように表計算ソフトやデータベースで簡単に扱える。

CHAPTER
3

●データの概要

概要、含まれる項目、キー項目（データを一意に識別する項目）、時系列データであれば期間なども必要です。

●データの形式

CSVやTSV（タブ区切りのテキストデータ）が理想です。データベースに格納されている情報を利用する場合でも、テキストデータに出力してもらったほうが扱いやすいでしょう。Excelなどの表計算ソフトのファイルは意外とデータの前処理に時間がかかるため、なるべくテキストデータに変換したものを入手します。

●データの作成過程

情報システムやセンサーが機械的に生成したデータなのか、人間が入力したデータなのかなどを確認します。前者の場合は測定値の精度やばらつき（センサーなどが正確か）、後者であればデータの正確性や表記の揺れなどを中心に、後述するデータの前処理で確認していきます。

●入手先

企業の他部門や他社からデータを入手する場合、メールや書面に

機械学習の概要を理解しよう

よる依頼が必要となる場合があります。手続きなどに時間を要する場合があるので、あらかじめ調整しておきましょう。

●入手コスト
データによっては有償のものもあります。費用と実現したいことに対する貢献度を比較して、対象とするか検討しましょう。

●個人情報や機密情報の有無
個人情報や機密情報は、データの提供元によって除去してもらった状態で入手するようにしましょう。どうしても必要な情報があれば、1つずつ対象の情報を明示して、書面で契約を交わしてから入手するようにしましょう。それでも、可能な限り、避けるべきです。

　データの収集フェーズの成果物は、対象データ一覧表と収集したデータです。

3.データの前処理

　機械学習を行えるように、収集したデータを整えるのがデータの前処理です。前処理用のプログラムを、データに合わせて試行錯誤しながら作成することが一般的です。手作業ではなく、「前処理を行うプログラムを作成する」という点がポイントです。プログラムを作成することで、前処理の過程を明確に記録し、何度も同じ処理を再現することができます。
　データの前処理では以下のような作業を行います。

●データの読み込み
収集したデータをプログラムに読み込みます。読み込みには、後述する「Pandas」というライブラリの「DataFrame」をよく使用します。

●データの確認

実際のデータを目視で確認したり、分布や偏り、特徴などの統計的な値の把握を行います。また、グラフを使って傾向や説明変数同士の関係性などを把握します。

●欠損値の確認

数値データのはずなのに空白が入っていたり、時系列データの一部が抜けていたりというデータの不足を「欠損値」と呼びます。欠損値に対しては、平均値やゼロを設定するか、または欠損値を含むデータをまるごと除去するなどの対応を取ります。

●データ型の変換

機械学習は数値データを使うことが一般的です。文字列を数値に変換するなどの処理を行います。

●説明変数の作成や削除

説明変数をそのまま使うのではなく、演算を行って新たな説明変数を作成することで、より優れた機械学習のモデルを作成できる場合があります。たとえば、長さや幅をそのまま使うのではなく、比率のほうがより適切な分類を行える、というような場合です。逆に、値が入っていなかったり、備考欄のように機械学習とは関係ない場合は、不要な説明変数を削除することもあります

●データの正規化

必要に応じてデータを一定の範囲内（−1〜1、または0〜1など）に収まるように加工します。これをデータの正規化と呼びます。それぞれの説明変数で値の範囲に差がありすぎると学習に悪影響がある（大きいほうに引っ張られる）ため正規化を行います。

機械学習の概要を理解しよう

データの前処理は、すべてのフェーズの中でもっとも時間がかかります。全体の80％ぐらいを占めるという調査結果もあります。作業量を減らすためには、いかに整ったデータを提供元に用意してもらうかがポイントとなります。

　データの前処理フェーズの成果物は、データの前処理用のプログラムと処理済のデータ（目的変数：説明変数の形となる）です。

4.モデルの構築、評価

　データの前処理が終わると、機械学習を行うモデル、すなわちプログラムを作成していきます。現在では、すでに存在する機械学習のライブラリを利用することが一般的です。モデルの構築では次のような作業を行います。

●データの分割
機械学習の目標は、未知のデータ（予測時に使うデータ）に対して性能の高いモデルを構築することです。手元にあるすべてのデータを使って学習してしまうと、未知のデータに対するモデルの性能を評価できなくなるため、一部を評価用として分けておきます。割合は、評価用が20%~30%程度、残りを機械学習用とするのが一般的です。機械学習用は、さらに学習用と学習中の性能を検証する検証用に分けて使います。こちらも検証用が20%~30%程度、残りを学習用とするのが一般的です。

●モデルの選択
機械学習には多くのモデルがあり、データに適したものを選択する必要があります。一概にディープラーニングが最強だとは限りません。目的変数と説明変数の関係が明確であれば、1次関数のようなシンプルな線形モデルのほうが高速で性能が高い場合もあります。次の図は、有名な機械学習のライブラリであるScikit-learn

のサイトに掲載されている、モデルの選択基準表です。

▼図3-3-1

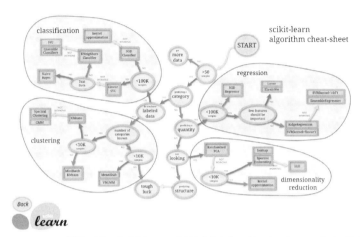

引用：https://scikit-learn.org/stable/tutorial/machine_learning_map/index.html

●モデルの学習、評価、調整、および、それらの繰り返し

選択したモデルを使い、学習用データで学習を行います。ほとんどのモデルには「ハイパーパラメータ」という動作を微調整する値を設定できます。学習済のモデルの性能は検証用データを使って評価します。ここで性能が目標とする基準に達していなければ、ハイパーパラメータを調整したり、場合によってはモデルを変更し、学習と評価を繰り返します。すでに、データの一部を評価用に分けると述べました。検証用データは学習中の性能を検証することに使用するため、少なからずその内容がモデルに反映されてしまいます。そこで、モデルの調整がひととおり終わったら、最後に未知のデータの代わりとして評価用データを用い、モデルの一般的な性能を評価することになります。

なお、モデルの学習には長い時間がかかります。そのため、学習フェーズの成果物として学習済モデルをファイルに保存しておき、実際に利用する際は改めて学習するのではなく、保存してあるモデルを読み込んで使うことが一般的に行われています。

　モデルの構築、評価フェーズの成果物は、学習済モデルです。

5.業務などへの導入

　学習が終わったモデルを実際に業務などへ取り入れるフェーズです。導入の際は既存システムの調整などさまざまな要因が関連するため、本書ではここで概要を述べるに留めます。機械学習の導入にあたっては、以下のような作業を行う必要があります。時間がかかるので、データの前処理などの工程と並行して進めておくとよいでしょう。

●導入形態の検討

ここまでのフェーズではColaboratoryなどの開発者用ツールを使って作業を行いますが、実際の利用シーンではそれらは使わない場合がほとんどです。既存の業務システムの一部としてほかのプログラムから利用するのか、またはユーザーの操作用の新しいサイトやアプリを作成するのかなど、導入形態と必要な要件を検討します。計画の立案でふれた、実現しようとしていることのレベル感（予測の精度や応答時間）と整合が取れていることも重要です。

●導入に必要な環境の調査

環境とは、Pythonの機械学習のプログラムを実行するために必要なコンピューターやソフトウェアという意味です。Pythonの公式サイトなどから実行に必要なソフトウェアをダウンロードしてインストールする必要があります。Web上でサービスを提供する形態を考えているのであれば、DjangoやFlaskといったフレームワーク（ライブラリの集合体のようなもの）が必要になる場合もあり

ます。

●既存システムの改修など

導入形態が決まったら、既存システムの改修や新たなアプリなど
の作成を行います。可能であれば、応答時間や予測精度を記録す
る機能（ロギング機能と呼びます）を組み込むと、導入効果の測
定や運用の際に役に立ちます。改修などが完了したら、テスト期
間を経て実際の運用を開始します。

6.運用、モデルの改善

　モデルは一度作って終わりではありません。一般的には時間の経過と
ともに利用環境などが変化するため、モデルの予測精度は徐々に悪化し
ていきます。定期的に予測精度のモニタリングを行い、新しいデータを
収集してモデルを再学習します。新しいデータの収集とモデルの再学習、
学習結果の反映までを自動的に行えるようにしておくと、運用がとても
楽になります。

機械学習の流れがよくわかりました！

全体の流れがわかると、機械学習の
プログラムの位置づけもわかっていいね！

CHAPTER
3

機械学習の概要を理解しよう

- 機械学習には大きく分けて「教師あり学習」「教師なし学習」「強化学習」の3種類がある
- 教師あり学習は、目的変数と説明変数のペアを学習させ、説明変数だけを与えたときに目的変数を予測させる仕組みである
- 教師あり学習は、さらに回帰問題と分類問題に分けられる
- 分類問題の結果は確率で表現される
- 教師なし学習は、データの特徴をもとにグループに分ける仕組みである
- ディープラーニングは、説明変数が非常に多いなど、複雑なモデルを構築するのに向いた機械学習の手法である
- 機械学習を業務に取り入れる場合、どのような目的で機械学習を使うかをはじめに決めることが重要である
- 機械学習を行うために必要なデータは、テキストデータで統一された形式で収集することが望ましい
- 機械学習を行う前に、データの前処理が必要である。データの前処理は、すべてのフェーズの中でもっとも時間を必要とする
- 機械学習のモデルの構築は、すでに存在する機械学習のライブラリを利用することが一般的である
- データは学習用・検証用・評価用に分けて使用する
- ほとんどのモデルには「ハイパーパラメータ」という、動作を微調整する値を設定できる
- 機械学習を業務に組み込んで使用する際は、開発者用ツールは使わないため、導入形態や環境を検討する必要がある
- モデルの予測精度は時間の経過とともに悪化するため、定期的なモニタリングと再学習が必要である

英語に親しもう

　いうまでもありませんが、機械学習やPythonに関する情報は英語が中心です。日本語と比較すると、その情報量には圧倒的な差があります。英語を読めると、以下のような利点があります。

- 一次情報を確認できる：一次情報とは公式サイトのリファレンスなど、発信源が提供している情報です。それに対して、日本語に翻訳された情報は、古かったり、内容が省略されている可能性があります。特に仕事でプログラミングを行う場合、一次情報の参照は欠かせません。
- 最新情報を即座に得られる：Google I/OやO'Reilly社主催のAI Conferenceなど、機械学習の最新情報を得ることができるイベントは数多く開催されています。イベントの情報は、公式サイトやYouTubeなどで即座に公開されています。
- 多くのサンプルコードやノウハウを入手できる：プログラミングのQAサイトであるStack Overflow、世界最大規模のデータ分析コンペティションサイトであるKaggleなどから機械学習に関する多くの知見を得ることができます。

　では、英語に親しむにはどうしたらいいでしょうか。世の中には英語学習に関する多くの方法論があります。僭越ながら筆者の実行した方法をご紹介しましょう。

1. 中学校レベルの英単語と文法を暗記する：英単語と文法をフレーズで覚えられる書籍が発売されています。1冊購入して暗記しましょう。実はそんなに時間はかかりません。
2. 自分が得意な分野の英文を選ぶ：得意な分野だと、書いてある

内容がある程度想像できます。まして、IT分野は英語をその
ままカタカナ表記している場合が多いので、有利です。

3. たくさん読む：いわゆる多読です。ポイントとしては5分〜30
分ぐらいで読める短めの記事を選ぶことです。すべてを理解
しようとせず、わからない部分は飛ばしてもOKです。なるべ
く毎日、30分以上は読むことを習慣にしましょう。

4. 翻訳ソフトを使う：Google翻訳アプリがおすすめです。「タッ
プして翻訳」機能を有効にしておき、わからない英単語はサ
クッと調べましょう。調べた履歴はGoogle翻訳の「フレーズ
集」から確認できて便利です（面倒ですが……）。

　継続しているうちに、ときどきとてもおもしろい記事に遭遇しま
す。そして、ふと英語をそのまま理解している自分に気づきます。筆
者の場合は半年ぐらいで、そうなりました。
　最後に、筆者のおすすめをいくつか紹介しましょう。

・スマホのニュース機能：スマホの言語設定を英語にします。
ニュース機能は使用者が好みそうな記事を自動的に選んでく
れるのでとても便利です。
・Medium：世界最大級のブログ／出版サイトです。良質な記事
が数多く投稿されています。有料会員（月額5ドル）になると、
すべての記事にアクセスできます。かなりおすすめです。
https://medium.com/
・ Automate the Boring Stuff with Python：書籍「退屈なこと
はPythonにやらせよう」の原文です。
https://automatetheboringstuff.com/

　ほかにも、英語の勉強に役立つものはたくさんあります。スキマ
時間を活用して、少しずつチャレンジしてみてはいかがでしょうか。

データの前処理に
チャレンジしよう

第3章で紹介したように、 機械学習のプログラムは
データの前処理とモデルの構築〜評価が主となります。
本章ではデータの前処理の手法と主なライブラリの
使い方について解説します。 それでは始めましょう!

CHAPTER 4

Section
01

データの前処理①

データの読み込みと確認を行う

+++ ライブラリと関数を利用する

まずは、前章までのおさらいです。データの前処理では、以下のような作業を行います。

- ・データの読み込み
- ・データの確認
- ・欠損値の確認
- ・データ型の変換
- ・説明変数の作成や削除
- ・データの正規化

本節では「データの読み込み」と「データの確認」について説明します。「欠損値の確認」以降は、次節で説明します。

機械学習でよく使うライブラリ

データの前処理や機械学習でよく使われるライブラリには、次のようなものがあります。

▼表4-1-1

ライブラリ	説明
バンダス Pandas	主にデータの前処理で使用される。DataFrameというデータの確認や抽出に適した機能を持つ
ナムパイ NumPy	行列計算用の関数が豊富に用意されている。ndarrayという多次元を扱うシーケンスを持つ。機械学習でモデルに学習させる際にはデータをndarray型にする場合が多い
マットプロットリブ Matplotlib	グラフを描画するライブラリ。DataFrameやndarrayなどに格納されたデータを使ってグラフを作成する
シーボーン Seaborn	こちらもグラフを描画するライブラリ。Matplotlibと連携し、より簡単に見た目の優れたグラフを描画できる
サイキット ラーン Scikit - learn	機械学習のモデルやサンプルデータを持つライブラリ。モデルの使い方が統一されており、複数のモデルを簡単に切り替えて使用することができる

CHAPTER 4

ライブラリの読み込み

　新しいノートブックを作成し、名前を「4_1データの前処理.ipynb」に変更してください。続いて、ライブラリを読み込みましょう。データの前処理用のライブラリは基本的に以下のような構成です。

```
001  # ライブラリの読み込み
002  import pandas as pd
003  import numpy as np
004  import matplotlib.pyplot as plt
005  import seaborn as sns
006  from sklearn import datasets
007
008  # グラフをColaboratory内で表示するための設定
009  %matplotlib inline
```

データの前処理にチャレンジしよう

6行目はサンプルデータセットを使用するための記述です。機械学習も行う場合は、後述するように、この基本構成にScikit-learnなどのライブラリを追記します。

ライブラリの読み込みには第2章で紹介したImportを使います（2〜5行目）。それぞれ「as」を使い、Pandasであれば「pd」、NumPyであれば「np」などと別名を付けるのが慣行となっています。併せて、グラフをColaboratory内で表示するための設定も行っておきます（9行目）。

データの読み込み

今回はScikit-learnに添付されているirisデータセットを使います。irisは機械学習でよく使われるアヤメの品種のデータで、以下で構成されています。品種については、図4-1-1を参照してください。

■目的変数
　・target：品種。0：setosa、1：versicolor、2：virginica
■説明変数
　・sepal length（cm）：外側の花びらの長さ
　・sepal width（cm）：外側の花びらの幅
　・petal length（cm）：内側の花びらの長さ
　・petal width（cm）：内側の花びらの幅

▼図4-1-1　Wikipedia「Iris flower data set」より

setosa　　　　　versicolor　　　　　virginica

引用：https://en.wikipedia.org/wiki/Iris_flower_data_set

以下のように記述することで、変数iris_datasetsにサンプルデータセットが読み込まれます。

```
001    iris_datasets = datasets.load_iris()
```

目的変数はtarget、説明変数はdata、説明変数名はfeature_namesに格納されています。詳細はDESCRで確認できます。

```
002    print(iris_datasets.DESCR)
```

実行結果は以下のとおりです。

Iris plants dataset

Data Set Characteristics:

　:Number of Instances: 150 (50 in each of three classes)
　:Number of Attributes: 4 numeric, predictive attributes and the
　class
　:Attribute Information:
　　- sepal length in cm
　　- sepal width in cm
　　- petal length in cm
　　- petal width in cm
　　- class:
　　　　- Iris-Setosa
　　　　- Iris-Versicolour
　　　　- Iris-Virginica

irisというデータはよく使うんですか？

そうだね。irisのほかにもMNISTという手書き数字のデータや、IMDB映画レビューの文章データなどがよく使われるよ

データの確認

　データの前処理でよく使われるのがPandasのDataFrameです。高機能なリストのようなものです。DataFrameを作成するには以下のように記述します。

```
001    iris = pd.DataFrame(iris_datasets.data,
       columns=iris_datasets.feature_names)
```

　第一引数にはもととなるデータ、columnsには列名のデータを指定します。今回はサンプルデータセットに含まれる列名のリスト「feature_names」を使用します。
　DataFrameに列を追加するには、次のように列名とデータを指定します。

```
002    iris['target'] = iris_datasets.target
```

　それでは、データの確認を行いましょう。次の表に挙げた、DataFrameの関数を主に使用します。

▼表4-1-2

関数	説明
head	先頭5行を表示
info	概要を表示
describe	要約統計量を表示
shape	データの形状（大きさ）を表示
iloc	データのスライス
query	条件に合う行の取得

●head関数

データの内容を表示します。既定値は5行ですが「df.head（10）」のように行数を指定することもできます。

```
001    iris.head()
```

実行結果は以下のとおりです。

	sepal length (cm)	sepal width (cm)	petal length (cm)	petal width (cm)	target
0	5.1	3.5	1.4	0.2	0
1	4.9	3.0	1.4	0.2	0
2	4.7	3.2	1.3	0.2	0
3	4.6	3.1	1.5	0.2	0
4	5.0	3.6	1.4	0.2	0

●info関数

データの概要を表示します。行数や列数、各列の型や欠損値の有無などを確認できます。

```
001    iris.info()
```

実行結果は以下のとおりです。

```
<class 'pandas.core.frame.DataFrame'>
RangeIndex: 150 entries, 0 to 149
Data columns (total 5 columns):
sepal length (cm)    150 non-null float64
sepal width (cm)     150 non-null float64
petal length (cm)    150 non-null float64
petal width (cm)     150 non-null float64
target               150 non-null int64
dtypes: float64(4), int64(1)
memory usage: 5.9 KB
```

主な内容を解説しておくと、「RangeIndex」は行数、「Data columns」は列数、「sepal length(cm)」から「target」まではそれぞれの列名と列の型を表しています。

●describe関数
データの件数や平均値などを要約統計量と呼びます。これらを表示するのがdescribe関数です。

```
001    iris.describe()
```

実行結果は以下のとおりです。

	sepal length (cm)	sepal width (cm)	petal length (cm)	petal width (cm)	target
count	150.000000	150.000000	150.000000	150.000000	150.000000
mean	5.843333	3.057333	3.758000	1.199333	1.000000
std	0.828066	0.435866	1.765298	0.762238	0.819232
min	4.300000	2.000000	1.000000	0.100000	0.000000
25%	5.100000	2.800000	1.600000	0.300000	0.000000
50%	5.800000	3.000000	4.350000	1.300000	1.000000
75%	6.400000	3.300000	5.100000	1.800000	2.000000
max	7.900000	4.400000	6.900000	2.500000	2.000000

要約統計量のそれぞれの意味は、次の表のとおりです。

▼表4-1-3

統計量	説明
count	件数
mean	平均値
std	標準偏差（データの散らばり）
min	最小値
25%	大きさ順に並べた先頭から1/4の値（1/4分位点）
50%	大きさ順に並べた中央の値（中央値）
75%	大きさ順に並べた先頭から3/4の値（3/4分位点）
max	最大値

●shape関数

データの形状を表示するにはshape関数を使います。

```
001    iris.shape
```

実行結果は以下のとおりです。今回の場合は行数が150、列数が5であることがわかります。

(150, 5)

● iloc関数（データのスライス）

DataFrameもリストなどと同様にスライスで要素を取り出すことができます。基本的な書き方はリストと同様です。

iris.iloc[開始位置：終了位置：増分]

```
001    # 最初の10行を取得
002    iris.iloc[:10]
```

実行結果は以下のとおりです。

	sepal length (cm)	sepal width (cm)	petal length (cm)	petal width (cm)	target
0	5.1	3.5	1.4	0.2	0
1	4.9	3.0	1.4	0.2	0
2	4.7	3.2	1.3	0.2	0
3	4.6	3.1	1.5	0.2	0
4	5.0	3.6	1.4	0.2	0
5	5.4	3.9	1.7	0.4	0
6	4.6	3.4	1.4	0.3	0
7	5.0	3.4	1.5	0.2	0
8	4.4	2.9	1.4	0.2	0
9	4.9	3.1	1.5	0.1	0

　列名のリストと組み合わせることで、特定の列だけを取得することもできます。DataFrameを作成する際に使用した列名のリスト「iris_datasets.feature_names」を使い、目的変数だけを抽出してみましょう。

```
001    iris.iloc[:10][iris_datasets.feature_names]
```

実行結果は以下のとおりです。

	sepal length (cm)	sepal width (cm)	petal length (cm)	petal width (cm)
0	5.1	3.5	1.4	0.2
1	4.9	3.0	1.4	0.2
2	4.7	3.2	1.3	0.2
3	4.6	3.1	1.5	0.2
4	5.0	3.6	1.4	0.2

●query関数

query関数を使うと、条件に合う行を取得できます。以下の例では、target が1（品種がversicolor）の行を抽出しています。

```
001    iris.query("target==1")
```

実行結果は以下のとおりです。

	sepal length (cm)	sepal width (cm)	petal length (cm)	petal width (cm)	target
50	7.0	3.2	4.7	1.4	1
51	6.4	3.2	4.5	1.5	1
52	6.9	3.1	4.9	1.5	1
53	5.5	2.3	4.0	1.3	1
54	6.5	2.8	4.6	1.5	1

全部の関数を使う必要があるんですか？

そんなことはないよ。データの内容を確認するのが
目的だから、用途に応じて必要な関数を使うようにしよう

CHAPTER **4**

Section 02 データの前処理② 機械学習に適したデータに加工する

+++ **データの前処理方法を知る**

　データの前処理では、適切に機械学習が行えるよう欠損値の確認や説明変数の加工を行います。本節では、それらの手法について確認します。ノートブックは引き続き「4_1データの前処理.ipynb」を使用します。

欠損値の確認と補正

　実際に機械学習を行うためにデータを収集した場合、一部が欠けていたり間違った値が入っていたりすることが頻繁にあります。このように、データの中で欠けている値のことを「欠損値」と呼びます。欠損値があると機械学習の計算がうまく行えません。欠損値の確認では次のような関数を主に使用します。

▼表4-2-1

関数	説明
isnull	欠損値の確認
dropna	欠損値を含む行の削除
fillna	欠損値の補完

　今回のirisデータには欠損値がありません。そこで、ここからしばらくは、新たなDataFrame「df_2」を作成して確認することにします。

```
001  # np.nanは数値ではない値(Not a Number)を表す
002  temp = [['Sun', 100], ['Mon', 200], ['Tue', np.nan]]
003  df_2 = pd.DataFrame(temp, columns=['Week', 'Sales'])
004  df_2.head()
```

実行結果は以下のとおりです。3行目のSales列が欠損値「NaN」になっています。

	Week	Sales
0	Sun	100.0
1	Mon	200.0
2	Tue	NaN

●isnull関数

isnull関数で欠損値の有無を確認できます。sumを付けることで欠損値の行数を確認できます。

```
001  df_2.isnull().sum()
```

実行結果は以下のとおりです。Sales列の欠損値の行数が「1」と表示されました。

```
Week   0
Sales  1
dtype: int64
```

●fillna関数

欠損値を何らかの値で補完するのがfillna関数です。値は平均値やゼロが

多く用いられます。例として、Salesの欠損値に平均値を代入してみましょう。meanは平均値を求める関数です。

```
001    # 欠損値に平均値を代入。「df_2['Sales'].mean()」が平均値を求め
       るコード
002    df_2['Sales'] = df_2['Sales'].fillna(df_2['Sales'].mean())
003    df_2.head()
```

実行結果は以下のとおりです。Sales列の欠損値に平均値「150」が代入されました。

	Week	Sales
0	Sun	100.0
1	Mon	200.0
2	Tue	150.0

●dropna関数

欠損値を含む行を削除する場合、dropna関数を使用します。ただし、1列でも欠損値があると行ごと削除されてしまうため、fillnaで代替できない場合にのみ使用するようにしてください。使い方は以下のとおりです。

```
001    # 確認用にDataFrameを再作成
002    df_2 = pd.DataFrame(temp, columns=['Week', 'Sales'])
003    # 欠損値を含む行を削除
004    df_2 = df_2.dropna()
005    df_2.head()
```

実行結果は以下のとおりです。先ほどと異なり、Salesが欠損値となっている行が削除されていることがわかります。

	Week	Sales
0	Sun	100.0
1	Mon	200.0

 fillnaとdropnaはどちらを使えばよいのですか？

基本的にはfillnaを使って、予測に悪影響を及ぼすような
不要な行の場合にはdropnaを使うようにしよう

データ型の変換

　データの型を変換するにはastype関数を使用します。以下はSales列を整数型に変換する例です。なお、実際は浮動小数点型のまま使用する場合がほとんどなので、あくまでも例です。値により変換できなかった場合には、エラーが発生します。

```
001  # Sales列の型を整数型に変換
002  df_2['Sales'] = df_2['Sales'].astype(np.int64)
003  # 変換後の型を表示
004  df_2.info()
```

実行結果は以下のとおりです。Sales列がint64型（64ビット整数型）に変換されています。

```
<class 'pandas.core.frame.DataFrame'>
Int64Index：2 entries, 0 to 1
Data columns（total 2 columns）：
Week    2 non-null object
Sales   2 non-null int64
```

データの前処理にチャレンジしよう

dtypes: int64(1), object(1)

memory usage: 48.0+ bytes

●ダミー変数

Weekのように種類ごとの値を持つ列をカテゴリ変数と呼びます。カテゴリ変数はそのままでは機械学習には適していないため、ダミー変数というものに変換します。ダミー変数は、カテゴリ変数をカテゴリ値ごとの列に分解したものです。

```
001    #  確認用にDataFrameを再作成
002    df_2 = pd.DataFrame(temp, columns=['Week', 'Sales'])
003    #  列'Week'をダミー変数に展開したものを変数 df2 に上書きします
004    df_2 = pd.get_dummies(data=df_2, columns=['Week'])
005    df_2.head()
```

実行結果は以下のとおりです。Week列がカテゴリ値ごとの列に分解され、それぞれ該当する箇所に「1」が設定されています。

	Sales	Week_Mon	Week_Sun	Week_Tue
0	100.0	0	1	0
1	200.0	1	0	0
2	NaN	0	0	1

説明変数の作成や削除

再びirisデータに戻ります。DataFrameでは列同士を四則演算することで新たな列を作成することができます。花びらの長さと幅から、新たな説明変数「比率」を作成してみましょう。

```
001    # 新たな説明変数「比率」sepal raitoを作成する
002    iris['sepal raito'] = iris['sepal length (cm)'] /
       iris['sepal width (cm)']
003    iris.head()
```

実行結果は以下のとおりです。もっとも右側に新たな列「sepal raito」が追加されています。

	sepal length (cm)	sepal width (cm)	petal length (cm)	petal width (cm)	target	sepal raito
0	5.1	3.5	1.4	0.2	0	1.457143
1	4.9	3.0	1.4	0.2	0	1.633333
2	4.7	3.2	1.3	0.2	0	1.468750
3	4.6	3.1	1.5	0.2	0	1.483871
4	5.0	3.6	1.4	0.2	0	1.388889

逆に、列を削除する場合にはdrop関数を使用します。

```
001    iris = iris.drop("sepal raito", axis=1)
002    iris.head()
```

	sepal length (cm)	sepal width (cm)	petal length (cm)	petal width (cm)	target
0	5.1	3.5	1.4	0.2	0
1	4.9	3.0	1.4	0.2	0
2	4.7	3.2	1.3	0.2	0
3	4.6	3.1	1.5	0.2	0
4	5.0	3.6	1.4	0.2	0

データの正規化

　データの正規化には、2種類の方法があります。正規分布や一様分布は統計の用語で、データの散らばり具合をパターン化して表したものになります。確認用に目的変数だけを抜き出しておきましょう。

```
001  # 目的変数だけをdataに抜き出し
002  data = iris[iris_datasets.feature_names]
```

●z-score normalization

平均値0、標準偏差1に変換します。標準化（Standardization）とも呼ばれます。正規分布に従っているデータは、主にこちらを使用します。計算式は「(値 - 平均値) ／標準偏差」となります。

```
001  # sepal length (cm)を正規化する計算式の例
002  (data['sepal length (cm)'] - data['sepal length
     (cm)'].mean()) /\
003    data['sepal length (cm)'].std()
```

実行結果は以下のとおりです。もとの値と計算式で確認してみるとよいでしょう。

```
0    -0.897674
1    -1.139200
2    -1.380727
3    -1.501490
4    -1.018437
```

Scikit-learnのStandardScalerを使うと、すべての列を一度に標準化することができます。

```
001  from sklearn.preprocessing import StandardScaler
002  sc = StandardScaler()
003  data_std = sc.fit_transform(data)
004  data_std
```

実行結果は以下のとおりです。関数を実行するだけで簡単に標準化することができました。

```
array([[-9.00681170e-01,  1.01900435e+00, -1.34022653e+00,
        -1.31544430e+00],
       [-1.14301691e+00, -1.31979479e-01, -1.34022653e+00,
        -1.31544430e+00],
       [-1.38535265e+00,  3.28414053e-01, -1.39706395e+00,
        -1.31544430e+00],
```

●Min-Max Normalization

最小値0、最大値1に変換します。最小値と最大値が決まっていて、データが一様分布の場合はこちらを使用します。計算式は「(値 - 最小値)／(最大値 - 最小値)」となります。

```
001  # minは最小値、maxは最大値を求める関数
002  (data['sepal length (cm)'] - data['sepal length
     (cm)'].min()) /\
003  (data['sepal length (cm)'].max() - data['sepal
     length (cm)'].min())
```

実行結果は以下のとおりです。

```
0    0.222222
1    0.166667
2    0.111111
3    0.083333
4    0.194444
```

　Scikit-learnのMinMaxScalerを使うと、すべての列を一度に正規化することができます。

```
001    from sklearn.preprocessing import MinMaxScaler
002    ms = MinMaxScaler()
003    data_norm = ms.fit_transform(data)
004    data_norm
```

実行結果は以下のとおりです。

array([[0.22222222,   0.625   , 0.06779661, 0.04166667],
       [0.16666667, 0.41666667, 0.06779661, 0.04166667],
       [0.11111111,   0.5   , 0.05084746, 0.04166667],

　ここまで、データの前処理の主な手法について説明してきました。データの前処理は、機械的にすべての手順を行えばよいわけではありません。データの内容を確認し、必要に応じて適切な手法を適用するようにしましょう。

データの前処理は、どんなデータでも
同じ手順で行えばいいんですか？

データによって必要な手法を選んで使うようにしよう！

Section 03 CSVファイルを読み込む

+++ ColaboratoryでCSVファイルを扱うには

本節では、ColaboratoryでCSVファイルをDataFrameに読み込む手順を説明します。CSVファイルとは、以下のように列がカンマで区切られたファイル形式のことです。

```
1 SepalLength,SepalWidth,PetalLength,PetalWidth,Name
2 5.1,3.5,1.4,0.2,Iris-setosa
3 4.9,3.0,1.4,0.2,Iris-setosa
4 4.7,3.2,1.3,0.2,Iris-setosa
5 4.6,3.1,1.5,0.2,Iris-setosa
6 5.0,3.6,1.4,0.2,Iris-setosa
7 5.4,3.9,1.7,0.4,Iris-setosa
```

CSVファイルの例。テキストエディタで読み込むと、値がカンマで区切られているのがわかる。

CSVファイルを表計算ソフトで開くと、以下のようにわかりやすく確認できます。

	A	B	C	D	E
1	SepalLength	SepalWidth	PetalLength	PetalWidth	Name
2	5.1	3.5	1.4	0.2	Iris-setosa
3	4.9	3	1.4	0.2	Iris-setosa
4	4.7	3.2	1.3	0.2	Iris-setosa
5	4.6	3.1	1.5	0.2	Iris-setosa
6	5	3.6	1.4	0.2	Iris-setosa
7	5.4	3.9	1.7	0.4	Iris-setosa

Excelなど表計算ソフトでCSVファイルを開くと、カンマで区切られた値がセルに1つずつ収納された状態で表示される。

135 +++

機械学習で実際にデータを収集する場合は、CSVファイルを使用することが多いでしょう。その際は以下で紹介した手順を参考にしてください。

1.CSVファイルをGoogleドライブにアップロードする

　ブラウザでGoogleドライブにアクセスし、CSVファイルをアップロードします。以下は「iris.csv」というファイルをアップロードした例です。

2.Googleドライブを参照するコードを記述する

　ソースコードのはじめに、以下のコードを記述して実行します。

```
001    # Googleドライブのファイルを参照するための記述
002    from google.colab import drive
003    drive.mount('/content/drive')
```

　「Go to this URL in a browser:」の右側のリンクをクリックし、手順どおりに進めます。「Mounted at /content/drive」と表示されると、ソースコードからGoogleドライブを参照できるようになります。Googleドライ

ブは「/content/drive/My Drive/」に割り当てられます。

```
# GoogleDriveのファイルを参照するための記述
from google.colab import drive
drive.mount('/content/drive')

Go to this URL in a browser: https://accounts.google.com/o/oauth2/auth?client_id=

Enter your authorization code:
..........
Mounted at /content/drive
```

3.CSVファイルをDataFrameに読み込む

　必要なライブラリを読み込みます。内容はP117と同様です。なお、サンプルデータを読み込む記述は不要なので、削除してあります。

```
001   # ライブラリのインポート
002   import pandas as pd
003   import numpy as np
004   import matplotlib.pyplot as plt
005   import seaborn as sns
006
007   # グラフをColaboratory内で表示するための設定
008   %matplotlib inline
```

　Scikit-learnのサンプルデータを読み込む代わりに、CSVファイルからデータを読み込みます。読み込みにはPandasのread_csv関数を使用します。

```
001   # データの読み込み
002   iris = pd.read_csv("/content/drive/My Drive/iris.csv")
```

データが読み込まれたかを確認してみましょう。

```
001    iris.head()
```

実行結果は以下のとおりです。

	SepalLength	SepalWidth	PetalLength	PetalWidth	Name
0	5.1	3.5	1.4	0.2	Iris-setosa
1	4.9	3.0	1.4	0.2	Iris-setosa
2	4.7	3.2	1.3	0.2	Iris-setosa
3	4.6	3.1	1.5	0.2	Iris-setosa

　これでCSVファイルがDataFrameに読み込まれました。以降の手順は本節と同様です。なお、「1.CSVファイルをGoogleドライブにアップロードする」と「2.Googleドライブを参照するコードを記述する」はColaboratory特有の手順です。自分のパソコンにPythonをインストールした場合など、そのほかのプログラミング環境では「3.CSVファイルをDataFrameに読み込む」のみでかまいません。

CHAPTER 4

データを可視化する

+++ グラフでデータを確認しやすくする

　データの確認に有効なのがグラフによる可視化です。ここでは、代表的なグラフと使い方について学習します。

　新しいノートブックを作成し、名前を「4_4データの可視化.ipynb」に変更してください。データの読み込みまでは前節と同様です。

```
001   # ライブラリの読み込み
002   import pandas as pd
003   import numpy as np
004   import matplotlib.pyplot as plt
005   import seaborn as sns
006   from sklearn import datasets
007
008   # グラフをColaboratory内で表示するための設定
009   %matplotlib inline
010
011   # データの読み込み
012   iris_datasets = datasets.load_iris()
013   iris = pd.DataFrame(iris_datasets.data,
      columns=iris_datasets.feature_names)
014   iris['target'] = iris_datasets.target
015
016   iris.head()
```

CHAPTER
4

データの前処理にチャレンジしよう

実行結果は以下のとおりです。

	sepal length (cm)	sepal width (cm)	petal length (cm)	petal width (cm)	target
0	5.1	3.5	1.4	0.2	0
1	4.9	3.0	1.4	0.2	0
2	4.7	3.2	1.3	0.2	0
3	4.6	3.1	1.5	0.2	0
4	5.0	3.6	1.4	0.2	0

使用するライブラリについて

　グラフによる可視化は複数のライブラリで行うことができます。本書ではSeabornを使用します。

- Matplotlib：基本的なライブラリ。表示を細かく制御できるが、その分、必要なソースコードも多くなる
- Pandas：DataFrameを簡単にグラフ化できる。Matplotlibと比較して必要なソースコードは少なくて済む。細かい調整は難しい
- Seaborn：Matplotlibをより簡単に利用するためのライブラリ。標準設定のままで見た目の優れたグラフを描画することができる

散布図

　2つの説明変数同士の関連性を確認するために使用します。説明変数同士の関連性を「相関」と呼びます。これには、scatterplot関数を使います。

```
001    sns.scatterplot(x='sepal length (cm)', y='petal
       length (cm)', data=iris)
```

実行結果は以下のとおりです。以下のように右肩上がりの傾向が見られる場合、「正の相関がある」と表現します。

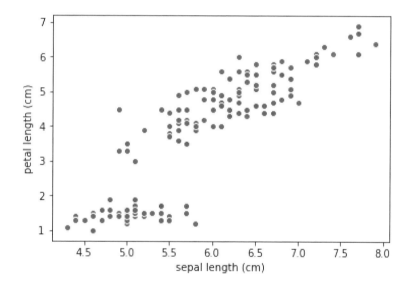

CHAPTER
4

データの前処理にチャレンジしよう

折れ線グラフ

　変数値の分布や傾向を確認するために使用するのが折れ線グラフです。
これには、lineplot関数を使います。

```
001    sns.lineplot(data=iris)
```

実行結果は以下のとおりです。

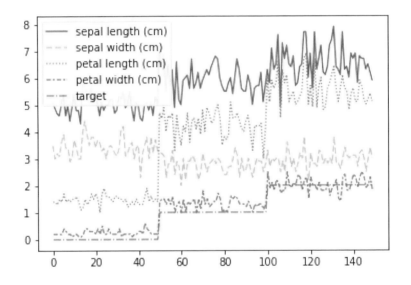

ヒストグラム

　データの度数分布を把握するために使用するのがヒストグラムです。こ
れには、distplot関数を使います。「bins」には分割数（棒の数）を指定
します。「kde=False」はカーネル密度推定（ヒストグラムを平滑化した
曲線）を表示しない設定です。

```
001   sns.distplot(iris['petal length (cm)'], bins=10,
      kde=False)
```

実行結果は以下のとおりです。

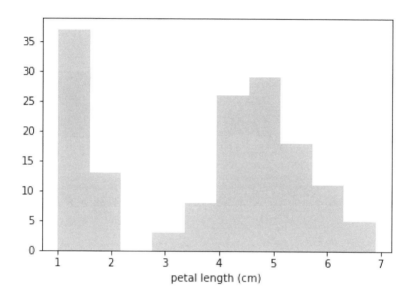

棒グラフ

値ごとのデータ量を把握するのが棒グラフです。これには、countplot関数を使います。

```
001   sns.countplot(iris['petal length (cm)'])
```

実行結果は以下のとおりです。値の種類が多すぎると、次のグラフのように見づらくなってしまいます。

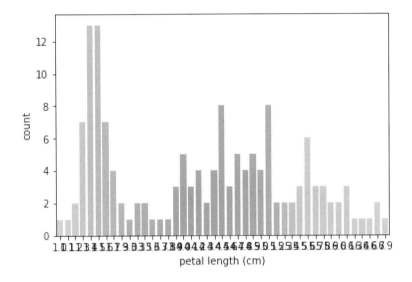

そのような場合には、round関数で値を四捨五入するなどの対応を取ります。

```
001    sns.countplot(round(iris['petal length (cm)']))
```

実行結果は以下のとおりです。

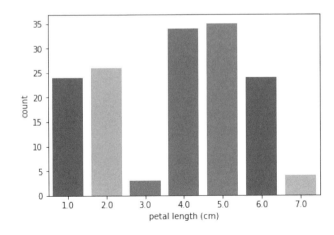

箱ひげ図

　カテゴリごとの説明変数の分散を確認しやすいのが箱ひげ図です。「ボックスプロット」とも呼ばれます。これには、boxplot関数を使います。箱は四分位点（25%〜75%）、ひげはデータの範囲を表します。

```
001    sns.boxplot(x='target', y='petal length (cm)',
       data=iris)
```

実行結果は以下のとおりです。

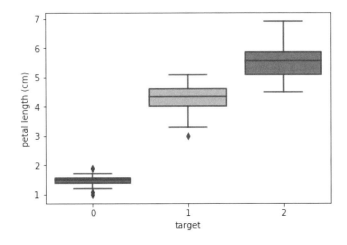

　箱ひげ図の進化版として、ヒストグラムのようにデータの度数分布も把握できるバイオリンプロットも、併せて紹介しておきます。これには、violinplot関数を使います。

```
001    sns.violinplot(x='target', y='petal length (cm)',
       data=iris)
```

データの前処理にチャレンジしよう

実行結果は以下のとおりです。

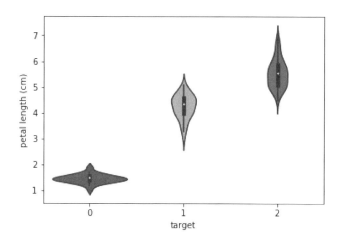

ペアプロット

　最後に複数の説明変数の相関を一度に確認できるペアプロットを紹介
しておきましょう。これには、pairplot関数を使います。「hue='target'」
を指定すると、カテゴリ（目的変数）ごとにグラフを色分けして表示し
ます。

```
001   sns.pairplot(iris, hue='target')
```

実行結果は以下のとおりです。

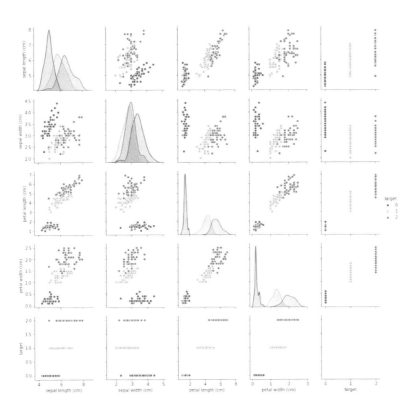

グラフを使うと、ぐっとデータの理解が深まりますね

そうだね。データの分散や平均値などを直感的に確認
できるから、適切な機械学習の手法も選択しやすいんだ

- PandasのDataFrameにはデータの前処理に必要な機能が多く提供されている
- Scikit-learnには機械学習を簡単に行えるよう、Irisなどのサンプルのデータセットが添付されている
- データの前処理ではデータの内容や形状、要約統計量などの確認を通じてデータを理解することが重要である
- 欠損値があると機械学習が正しく行えないため、値を補完する、行を削除するなどの対応を取る
- カテゴリ変数はそのままでは機械学習に適していないため、ダミー変数に変換する
- DataFrameでは列同士を四則演算することで新たな列を作成することができる
- データの可視化にはMatplotlibやPandas、Seabornなどのライブラリを使用する
- Seabornを使うと、見た目のよいグラフを簡単に作成することができる
- データの可視化では説明変数の分散や傾向の確認、説明変数同士の相関の確認などを行う
- ペアプロットを使うと、複数の説明変数の相関を一度に確認できる

情報の参照先

▼ Pandas公式サイト
https://pandas.pydata.org/

▼ Scikit-learn公式サイト
https://scikit-learn.org/stable/

▼ Irisデータセット
https://archive.ics.uci.edu/ml/datasets/iris

公式ドキュメントを活用しよう

　本書の各章末尾には、情報の参照先として各ライブラリなどの
公式サイトのURLを掲載しています。公式サイトのほとんどは英語
で書かれており、説明も難しく感じますが、正確な情報の参照先と
しては有用なので確認する方法を覚えておきましょう。なお、翻訳
ソフトを使う場合、ページをまるごと翻訳するとソースコードも翻訳
されてしまい、逆に意味がわからなくなってしまう場合があります。
わからない単語を調べる程度に留めましょう。

Pythonの公式サイト（https://www.python.org/）

公式サイトの構成

　サイトによって違いはありますが、公式サイトは以下のような内
容で構成されています。

●トップページ

ライブラリなどの特徴や最新の更新情報、各情報へのリンクが掲載されています。ここで公式サイトの概要をつかみましょう。サイトによっては、英語以外のドキュメントへのリンクが記載されている場合もあります。Pythonのトップページでは、その場でPythonのコードを入力して実行できる、おもしろい仕掛けが用意されています。

●チュートリアル

初心者向けの使い方が掲載されています。TutorialやGetting Start、Beginner's Guideなどと表記されています。基本的な使い方をここで学習しましょう。Pythonには日本語のチュートリアルも用意されています。

https://docs.python.org/ja/3/tutorial/index.html

●ドキュメント

公式サイトでもっともよく使うのがドキュメントです。Documentation、Docs、Reference、API、contentsなど、表記はさまざまです。チュートリアルなども含む場合があります。
ドキュメントは関数の使い方を確認する際に使用する場合が多いでしょう。ほとんどのサイトではトップページやドキュメントページに検索Boxが用意されているので、そこから関数名などで検索するとよいでしょう。
ドキュメントで注意したいのはバージョンです。使っているライブラリのバージョンと一致しているか、確認して使用するようにしましょう。

●インストール、ダウンロード

ライブラリの入手方法が書かれています。Colaboratoryの場合はPythonと各種ライブラリがインストールされた状態で開始できま

すが、自分のパソコンの場合はそれらをインストールする必要があります。

●コミュニティへのリンク
ほとんどのライブラリはオープンソフトウェアといって、世界中の開発者が協力しあって開発を行っています。CommunityやForums、Mailing Listなどを通じて、最新の情報を確認することができます。ただし、初心者は基本的に読むだけにして、質問の投稿は控えましょう。情報源としては、ある程度まとまっているMailing Listを購読するのがおすすめです。

●そのほか
イベント情報、ニュースなど。導入事例などが掲載されている場合もあります。PythonのサイトではJobsのページで求人情報も掲載されています。なお、求人情報は技術者の閲覧率が高いサイトによく掲載されており、KaggleやSignateなどのデータ分析のコンペティションのサイトでも見かけます。

GitHub

　ほとんどのライブラリはソースコードをGitHubで管理しており、その内容は公開されています。優秀なエンジニアが書いたソースコードを無償で読むことができるというわけです。
　GitHubにはソースコードだけでなく、有益な情報も多く含まれています。見方を覚えておきましょう。GitHubはリポジトリという単位でソースコードや関連情報が管理されています。

GitHub（https://github.com/）は、ソフトウェア開発の重要なプラットフォームだ。

●概要の確認

ほとんどのリポジトリには「Readme.md」というライブラリの概要をまとめた情報が掲載されています。

●ソースコードのダウンロード

「Clone or download」という緑色のボタンから「Download ZIP」を選択すると、ソースコードをまるごとダウンロードできます。

●ライセンス情報の確認

「View license」などから（リポジトリによって表記が異なります）ライセンス情報を確認できます。

●そのほか

ページ右上の「Star」の数で、そのリポジトリの人気度を確認できます。リポジトリによっては「Wiki」という詳細情報が掲載されている場合もあります。

●Issues

GitHubの掲示板機能です。開発者同士のやりとりをここで確認できます。ここも基本的に読むだけにして、質問の投稿は控えましょう。

機械学習に
チャレンジしよう

本章では、 いよいよメインテーマである機械学習の

プログラミングを行います。 はじめに、 教師あり学習の

分類問題として第4章でも取り上げたアヤメの品種の分類を行い、

次に教師あり学習の回帰問題として株価の予測に

チャレンジしてみます。 また、 それらの結果から、

機械学習におけるデータの重要性といった点を考察していきます。

CHAPTER 5

Section 01

分類問題にチャレンジする①
モデルの学習から評価まで

+++ **モデルの扱い方を知っておく**

　分類問題として、第4章で取り上げたirisのデータを使い、アヤメの品種を予測してみましょう。新しいノートブックを作成し、名前を「5_1分類問題.ipynb」に変更してください。データの読み込みまでは前節と同様です。

```
001    # ライブラリの読み込み
002    import pandas as pd
003    import numpy as np
004    import matplotlib.pyplot as plt
005    import seaborn as sns
006    from sklearn import datasets
007
008    # グラフをColaboratory内で表示するための設定
009    %matplotlib inline
010
011    # データの読み込み
012    iris_datasets = datasets.load_iris()
013    iris = pd.DataFrame(iris_datasets.data,
       columns=iris_datasets.feature_names)
014    iris['target'] = iris_datasets.target
015
016    iris.head()
```

	sepal length (cm)	sepal width (cm)	petal length (cm)	petal width (cm)	target
0	5.1	3.5	1.4	0.2	0
1	4.9	3.0	1.4	0.2	0
2	4.7	3.2	1.3	0.2	0
3	4.6	3.1	1.5	0.2	0
4	5.0	3.6	1.4	0.2	0

　データを読み込んだらデータの前処理を行いますが、irisデータは前処理が済んでいるデータなので省略します。

分類問題って、教師あり学習の何でしたっけ？

種類を予測するモデルだね。詳しくは続きを見てみよう

学習データと検証データ

　続いて、irisデータを目的変数（target）と説明変数（data）に分けましょう。サンプルデータセットは最初から別れているので、データの読み込み時点で分ければよいのですが、一般的なデータはひとまとまりで提供されることが多いため、このような手順を取ります。その後、必要に応じてデータの正規化を行います。

```
001 # irisデータを目的変数(target)と説明変数(data)に分ける
002 target = iris['target']
003 data = iris[iris_datasets.feature_names]
```

今回は未知のデータに対する評価用（P108参照）を設けず、すべて機械学習用として使用します。分割の割合は学習用を80%、残りを検証用とします（図5-1-1参照）。

データの分割はScikit-learnのtrain_test_split関数が便利です。データの
ピックアップは全体の中からまんべんなく、ランダムに行われます。な
お、import文はほかのライブラリとまとめて、冒頭で記述してもかまい
ません。

```
001   # train_test_splitで、学習データと検証データに分割
002   from sklearn import model_selection
003   data_train, data_test, target_train, target_test
      = \
004       model_selection.train_test_split(data, target,
      train_size=0.8)
```

▼図5-1-1

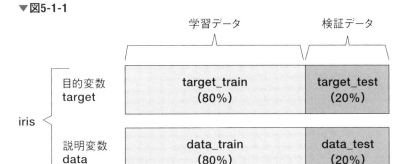

それぞれのデータの形状を確認しましょう。機械学習でよくあるミス
は、データの形状を間違えて切り出してしまうことです。たとえば、目
的変数と説明変数で学習データのサイズが異なると、正しく機械学習が
行えません。各段階で間違いがないよう、データの形状を確認するよう
にしましょう。

```
001   print(target_train.shape, target_test.shape)
002   print(data_train.shape, data_test.shape)
```

実行結果は以下のとおりです。

```
(120,) (30,)
(120, 4) (30, 4)
```

データの分割とモデルの評価

　前記のようにデータを学習データと検証データに分けてモデルを評価する手法を「ホールドアウト」と呼びます。ただし、検証データによるモデルの評価を繰り返すと、検証データの内容が少なからずモデルに反映されるため、未知なデータに対する性能が評価できません。そこで、データを学習用と検証用、評価用の3つに分割します。

　このほかに、同じデータを複数回分割し、1回目は1つ目が検証用でほかは学習用、2回目は2つ目が検証用でほかは学習用というように、データを変えて評価を行う「クロスバリデーション（交差検定）」もよく用いられています。

機械学習のモデルの種類（分類問題）

　Scikit-learnの機械学習のモデルの種類には、次の表のようなものがあります。分類問題を解くモデルは、識別モデルや識別器などと呼ばれます。

▼表5-1-1

識別モデル	ライブラリ名
サポートベクターマシン	SVC
ロジスティック回帰	LogisticRegression
決定木	DecisionTreeClassifier
ランダムフォレスト	RandomForestClassifier
パーセプトロン	Perceptron

サポートベクターマシンを使った機械学習

まずはサポートベクターマシンを使って、機械学習を行ってみましょう。

```
001   # ライブラリの読み込み
002   from sklearn.svm import SVC
003   # モデルの初期化
004   model = SVC(gamma='scale')
005   # 学習の実施
006   model.fit(data_train, target_train)
```

モデルの初期化はライブラリ名を指定して行います。4行目の「gamma='scale'」はモデルの挙動を調整する値で、ハイパーパラメータと呼ばれます。ハイパーパラメータはモデルの種類ごとに異なります。

学習はモデルのfit関数で行います。学習データを渡すことで、モデルはその関連性を学習します。ちなみに、第3章で説明したように、学習とはモデル内部のパラメータの値をデータにより調整することです。

実行結果は以下のとおりです。

```
SVC(C=1.0, cache_size=200, class_weight=None, coef0
=0.0,
    decision_function_shape='ovr', degree=3, gamma=
'scale', kernel='rbf',
    max_iter=-1, probability=False, random_state=None,
shrinking=True,
    tol=0.001, verbose=False)
```

学習が終わったら、検証データで予測を行ってみましょう。予測にはpredict関数を使用します。説明変数を与えることで、予測結果をNumPy

のndarrayで返します。

```
001     target_predict = model.predict(data_test)
```

モデルの評価

　まずは正解（検証データの目的変数）と予測結果を並べて、目視で確認してみます。予測結果は実行環境によって異なります。表示を合わせるため、検証データをndarrayに変換しています。

```
001     print(target_predict)
002     print(np.array(target_test))
```

実行結果は以下のとおりです。1行目が予測した値、2行目が目的変数です。

[2 0 0 1 2 1 0 1 1 1 0 0 0 1 2 2 1 1 2 2 0 2 1 1 2 1 0 2 0 0]
[2 0 0 1 2 1 0 1 1 1 0 0 0 1 2 2 1 1 2 2 0 2 1 1 2 1 0 1 0 0]

ほとんど正解ですね。正解率を表示するにはscore関数を使います。

```
001     model.score(data_test, target_test)
```

実行結果は以下のとおりです。

0.9666666666666667

　一般に、識別モデルの評価は以下の基準で行います。F値が高いモデルが、バランスの取れた、よいモデルと評価されます。

- 適合率（precision）：正解と予測した中で、実際に正解している割合
- 再現率（recall）：実際の正解の中で、正解と予測できた割合
- F値（F-measure）：適合率と再現率の平均（調和平均）

　Scikit-learnには、それぞれの値を算出するライブラリが用意されています。

```
001    # ライブラリの読み込み
002    from sklearn.metrics import precision_score
003    from sklearn.metrics import f1_score
004    from sklearn.metrics import recall_score
005
006    # 各値の取得
007    precision = precision_score(target_test, target_
       predict, average='micro')
008    recall = recall_score(target_test, target_predict,
       average='micro')
009    f1 = f1_score(target_test, target_predict,
       average='micro')
010
011    # 各値の表示
012    print('適合率(precision):', precision)
013    print('再現率(recall):', recall)
014    print('F値(F-measure):', f1)
```

実行結果は以下のとおりです。

　　適合率(precision)：0.9
　　再現率(recall)：0.9
　　F値(F-measure)：0.9

Section 02
分類問題にチャレンジする②
モデルの変更と選定基準

+++ モデルをどう選べばよいのか

ここでは、モデルを変更して正解率が変わるか確認してみましょう。
ノートブックは引き続き「5_1分類問題.ipynb」を使用します。

モデルの変更

モデルをロジスティック回帰に変更して試してみましょう。とはいえ、
変更する箇所は最初の2行（ライブラリの読み込みとモデルの初期化）
のみで、ほとんどのコードはそのまま使うことができます。

```
001  # ライブラリの読み込み
002  from sklearn.linear_model import LogisticRegression
003  # モデルの初期化
004  model = LogisticRegression(solver='lbfgs', multi_
     class='auto')
005  # 学習の実施
006  model.fit(data_train, target_train)
007
008  # 予測
009  target_predict = model.predict(data_test)
010  print(target_predict)
011  print(np.array(target_test))
012
013  # 正解率の表示
014  model.score(data_test, target_test)
```

機械学習にチャレンジしよう

実行結果は以下のとおりです。こちらも高い正解率になりました。

```
[2 0 0 1 2 1 0 1 1 1 0 0 0 1 2 2 1 1 2 2 0 2 1 1 2 1 0 2 0 0]
[2 0 0 1 2 1 0 1 1 1 0 0 0 1 2 2 1 1 2 2 0 2 1 1 2 1 0 1 0 0]
0.9666666666666667
```

どのモデルを使えばよいのですか？

決まりはないけど、いろいろ試してみて正解率が
高くなるモデルを選択しよう。慣れてきたらモデルが
どのような計算を行っているか、調べてみると楽しいよ

　そのほかのモデルを使用する場合も、変更する箇所は最初の2行だけ
です。

●決定木

001	# ライブラリの読み込み
002	from sklearn.tree import DecisionTreeClassifier
003	# モデルの初期化
004	model = DecisionTreeClassifier()

●ランダムフォレスト

001	# ライブラリの読み込み
002	from sklearn.ensemble import RandomForestClassifier
003	# モデルの初期化
004	model = RandomForestClassifier(n_estimators=100)

●パーセプトロン

```
001    # ライブラリの読み込み
002    from sklearn.linear_model import Perceptron
003    # モデルの初期化
004    model = Perceptron()
```

モデルを選択する基準

　機械学習のモデルには多くの種類があります。本書では、モデルそれぞれの詳細は説明しませんが、選択する基準としては「より単純なモデルで分類できるのであれば、それを使う」というものです。図を使って考え方を説明しましょう。

▼図5-2-1

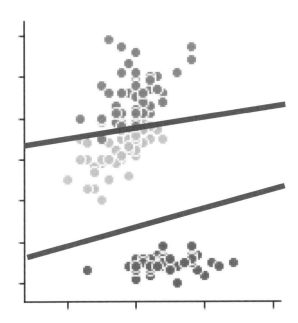

CHAPTER
5

機械学習にチャレンジしよう

▼図5-2-2

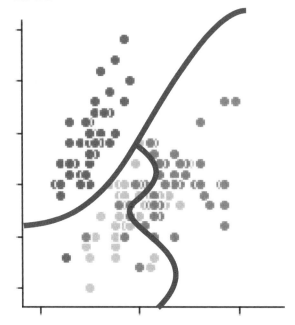

　たとえば、図5-2-1の場合は直線できれいに分類できます。このような場合には、サポートベクターマシンやロジスティック回帰といった線形モデルを使うと、うまく分類できます。

　しかし、図5-2-2のように簡単に分類できないデータの場合には、より複雑な方法、決定木やランダムフォレストといったモデルを選択することになります。

　とはいえ説明変数の数が多くなると、目視によるモデルの選択は困難になってきます。実務では複数のモデルを構築してF値を比較し、性能のよいモデルを選択して、さらにハイパーパラメータを調整していくという手法が取られます。

Section 03 回帰問題にチャレンジする

+++ 機械学習を実際に利用してみる

　機械学習の2つ目のテーマは回帰問題です。回帰問題は数値を予測することですが、ここでは株価の予測にチャレンジしてみましょう。新しいノートブックを作成し、名前を「5_3回帰問題.ipynb」に変更してください。続いて、ライブラリの読み込みを行います。

```
001   # ライブラリの読み込み
002   import pandas as pd
003   import numpy as np
004   import matplotlib.pyplot as plt
005   import seaborn as sns
006
007   # グラフをColaboratory内で表示するための設定
008   %matplotlib inline
```

株価データの取得

　今回は、前日（前営業日）の株価データから翌日の株価を予測してみます。株価のデータを取得するにはいくつかの方法がありますが、今回はWeb上で提供されているデータを取得できるpandas-datareaderを使います。pandas-datareaderはColaboratoryにインストールされていないので、自分でインストールする必要があります。

まとめると、以下のコードになります。以降の実行結果は実行日によって異なります。

```
001  # pandas-datareaderのインストール
002  !pip install pandas_datareader
003  # ライブラリの読み込み
004  import pandas_datareader.data as dr
005  # stooqというデータ提供元からAPPLEの株価を取得する
006  stock = dr.DataReader('AAPL' , "stooq" )
007  stock.head()
```

実行結果は以下のとおりです。

Date	Open	High	Low	Close	Volume
2019-08-02	205.53	206.43	201.630	204.02	40862122.0
2019-08-01	213.90	218.03	206.744	208.43	54017922.0
2019-07-31	216.42	221.37	211.300	213.04	69281361.0
2019-07-30	208.76	210.16	207.310	208.78	33935718.0
2019-07-29	208.46	210.64	208.440	209.68	21673389.0

データの内容は以下で構成されます。

▼表5-3-1

列名	内容
Date	日付（Index）
Open	始値。 当日の最初に付いた値段
High	高値。 開始から現在までで、もっとも高かった値段
Low	安値。 開始から現在までで、もっとも安かった値段
Close	終値。 当日の最後に付いた値段
Volume	取引量

　今回は、前日のこれらのデータから、翌日のHigh（高値）を予測します。

・**目的変数：翌日のHigh（高値）**
・**説明変数：Open、High、Low、Close、Volume**

　まずは、翌日のHighの列を追加しましょう。行をずらすにはshift関数を使います。

```
001   # 翌日のHigh(高値)を「Next_High」として追加
002   stock['Next_High'] = stock['High'].shift(1)
003   stock.head()
```

　結果は次のようになります。8月2日のHighが8月1日のNext_Highに、8月1日のHighが7月31日のNext_Highに……という具合です。

	Open	High	Low	Close	Volume	Next_High
Date						
2019-08-02	205.53	206.43	201.630	204.02	40862122.0	NaN
2019-08-01	213.90	218.03	206.744	208.43	54017922.0	206.43
2019-07-31	216.42	221.37	211.300	213.04	69281361.0	218.03
2019-07-30	208.76	210.16	207.310	208.78	33935718.0	221.37
2019-07-29	208.46	210.64	208.440	209.68	21673389.0	210.16

　また、欠損値の確認も行います。1行目のNext_Highは欠損値になっていますが、ほかにもVolumeが欠損している行があることがわかりました。

```
001    stock.isnull().sum()
```

実行結果は以下のとおりです。

```
Open          0
High          0
Low           0
Close         0
Volume        1
Next_High     1
dtype: int64
```

対応として、欠損値を含む行を削除しておきます。

```
001    stock = stock.dropna()
002    stock.shape
```

実行結果は以下のとおりです。

(2410, 6)

学習データと検証データ

　続いて、学習データと検証データへの分割を行います。今回はグラフ描画のために時系列を保ちたいので、train_test_split関数は使わず、スライスで分割します。

```
001  # 説明変数の列
002  data_columns = ['Open', 'High', 'Low', 'Close',
     'Volume']
003
004  # 検証データ数
005  test_rows = 500
006
007  # stockデータを目的変数(target)と説明変数(data)に分ける
008  target = stock['Next_High']
009  data = stock[data_columns]
010
011  # 学習データと検証データに分割
012  target_train = target[test_rows:]
013  target_test = target[:test_rows]
014  data_train = data[test_rows:]
015  data_test = data[:test_rows]
```

　分割を行ったら、間違いがないか、データの形状を確認しましょう。

```
001  print(target.shape)
002  print(data.shape)
003  print(data_train.shape)
004  print(target_train.shape)
005  print(data_test.shape)
006  print(target_test.shape)
```

実行結果は以下のとおりです。

```
(2410,)
(2410, 5)
(1910, 5)
(1910,)
(500, 5)
(500,)
```

　なお、株価のような時系列に並んでいるデータは、値の前後関係も有効な説明変数になることがあります（株価のチャートの形から予測するようなイメージです）。そのような時系列データを扱う手法としては、ディープラーニングのRNNやLSTMなどが知られています。

機械学習のモデルの種類（回帰問題）

　Scikit-learnの機械学習のモデルの種類には、次の表のようなものがあります。回帰問題を解くモデルは、予測モデルや回帰モデルなどと呼ばれます。

▼表5-3-2

予測モデル	ライブラリ名
線形回帰	LinearRegression
Lasso回帰	Lasso
Ridge回帰	Ridge
ElasticNet回帰	ElasticNet

線形回帰を使った機械学習

　まず、基本となる線形回帰を使って機械学習を行いましょう。基本的な流れは分類問題と同様です。

```
001    # ライブラリの読み込み
002    from sklearn.linear_model import LinearRegression
003    # モデルの初期化
004    model = LinearRegression()
005    # 学習の実施
006    model.fit(data_train, target_train)
```

実行結果は以下のとおりです。

LinearRegression(copy_X=True, fit_intercept=True, n_jobs=None, normalize=False)

　学習が終わったら、検証データで予測を行ってみましょう。

```
001    target_predict = model.predict(data_test)
```

　どのぐらい正解しているか、気になりますね。グラフで可視化して確認しましょう。

```
001    # 検証データの目的変数でDataFrameを作成
002    result = pd.DataFrame(target_test)
003    # 予測結果を列「predict」としてDataFrameに追加
004    result['predict'] = target_predict
005    # グラフを描画
006    sns.lineplot(data=result)
```

実行結果は以下のとおりです。

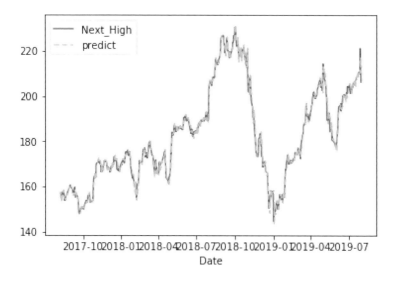

かなり精度がよさそうな気がします。拡大して確認してみましょう。

```
001    sns.lineplot(data=result[:30])
```

実行結果は以下のとおりです。

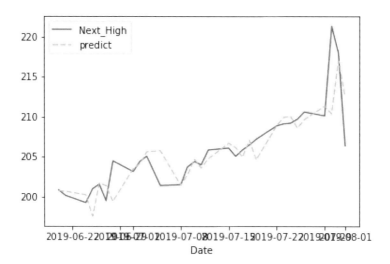

　拡大すると問題点が見えてきました。予測できている日もありますし、そうでない日もあります。また、全体的にpredictの値がNext_Highの後追いになっています。もちろん、前日の株価だけで予測しているのが原因ですね。前日の株価という説明変数だけでは、株価予測は難しいことがわかりました。説明変数選択の重要性については、のちほど改めて取り上げます。

モデルの評価

　分類問題の場合は正解率（score）やF値でモデルの性能を評価できました。回帰問題の場合には、正解と予測値とのズレを二乗した平均「平均二乗誤差（MSE）」という指標で評価します。二乗しているのは、ズレにはプラスとマイナスがあり、そのまま平均と差し引きするとゼロになってしまうためです。

　MSEを求めるにはmean_squared_errorを使用します。なお、MSEは相対的な値です。同じデータに対するモデルの性能を比較することはできますが、異なるデータ同士のMSEを比較しても意味がない点に注意が必要です。

```
001    # 平均二乗誤差(MSE)によるモデルの評価
002    from sklearn.metrics import mean_squared_error
003    mean_squared_error(target_test, target_predict)
```

実行結果は以下のとおりです。

　　　　5.5571804545135475

モデルの変更

　ほかのモデルでも試してみましょう。Ridge回帰とElasticNet回帰は、

変更点のみ記載します。

●Lasso回帰

```
001   from sklearn.linear_model import Lasso
002   model = Lasso()
003   model.fit(data_train, target_train)
004
005   target_predict = model.predict(data_test)
006   result = pd.DataFrame(target_test)
007   result['predict'] = target_predict
008
009   sns.lineplot(data=result[:30])
010
011   mean_squared_error(target_test, target_predict)
```

●Ridge回帰

```
001   from sklearn.linear_model import Ridge
002   model = Ridge(alpha=1.0)
```

●ElasticNet回帰

```
001   from sklearn.linear_model import ElasticNet
002   model = ElasticNet()
```

Section 04 説明変数選択の重要性

+++ 機械学習の成功はデータにかかっている

　ここで改めて、説明変数の選択について考えてみましょう。機械学習は過去のデータから未来を予測します。これを適切に行うには、過去のデータである説明変数によって目的変数を「説明できているか」がポイントとなります。目的変数に関係しそうなデータを適切に収集することで、その次の段階である「どのように説明するか」、すなわち機械学習によるパラメータの調整が生きてくるわけです。

　その視点で考えると、前日の株価だけでは説明変数が不足していることに気が付きます。ほかに関係しそうなデータを考えてみましょう。

・各種経済指標
・企業の業績
・ほかのトレーダーの取引
・月の満ち欠け

　このように関係しそうなデータを集めつつ、「月の満ち欠け」はほとんど関係がなさそうだから除いたり、実際にモデルを作って機械学習を試してみたりなど、試行錯誤を経て「説明できる」説明変数を求めていくことになります。機械学習の成功は、データにかかっていることを常に心に留めておきましょう。

　さて、実はこの中で「ほかのトレーダーの取引」はかなり重要な要素

です。話はずれますが、現在の株式市場のほとんどはコンピューターによる自動取引です。証券取引所に高速なネットワーク回線で接続して、ほかのトレーダーを「出し抜く」ことで利益を生み出す手法が多く用いられています（TED Talk「Kevin Slavin:アルゴリズムが形作る世界」が参考になるでしょう）。

TED Talk「Kevin Slavin：アルゴリズムが形作る世界」
https：//www.ted.com/talks/kevin_slavin_how_algorithms_
shape_our_world?language=ja

　ところが、全員がほかのトレーダーを「出し抜く」と全員が「横並び」になり、これまでと同じ手法で利益を上げることは難しくなります。つまり、有益な説明変数は常に変化し、新たなチャンスが生まれ続けているということです。私たちも新たな説明変数を発見できるかもしれないと考えると、機械学習を学ぶモチベーションが上がりますね！

Section 05 機械学習モデル　ミニ辞典

+++ 機械学習のアルゴリズムに詳しくなる

　ここまで分類モデルと回帰モデルの作成から予測までを体験してきました。そろそろ、機械学習のモデルがどのようなアルゴリズムで動作しているか、気になってきたのではないでしょうか。ここで、これまで登場したモデルについてアルゴリズムの概要を紹介します。

- ・分類モデル
  - パーセプトロン（Perceptron）
  - ロジスティック回帰（LogisticRegression）
  - 決定木（DecisionTreeClassifier）
  - ランダムフォレスト（RandomForestClassifier）
  - サポートベクターマシン（SVM）

- ・回帰モデル
  - 線形回帰（LinearRegression）

パーセプトロン（Perceptron）

　パーセプトロンは脳の細胞をモデルにした、とても単純なモデルです。「入力×重み」の値を合計し、合計した値が一定以上になると1、それ未満は0を出力するという仕組みになっており、さらに学習によって重みの値を調整していきます。

パーセプトロンは2種類の分類しか行えず、実務ではほとんど用いられませんが、ディープラーニングのニューロンのもととなっている重要なモデルです。

▼図5-5-1

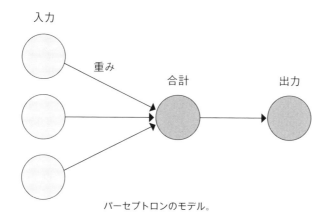

パーセプトロンのモデル。

数式で書くと、以下のようになります。

$$f(x) = \begin{cases} 1 & (w \cdot x \geqq 0) \\ 0 & (w \cdot x < 0) \end{cases}$$

f（x）：出力
x：入力（説明変数）
w：重み

パーセプトロンによる分類は、以下のようなイメージになります。学習によってデータの方向を指し示す矢印を求め、その線に対して直角な線でデータを分割して分類を行います。

▼図5-5-2

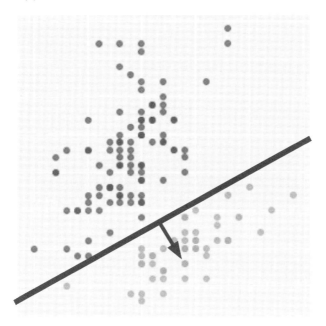

パーセプトロンによる分類イメージ。

ロジスティック回帰（LogisticRegression）

　パーセプトロンは1か0しか出力できません。そのままでは3つ以上の分類に対応できないため、考え出されたのがロジスティック回帰です。ロジスティック回帰は、入力値とパラメータを掛け合わせたものを数式に当てはめて、出力を0から1の値の範囲内に収めたものです。出力は一定の範囲内ですが、数値を決定させていることから「回帰」の名前が付いています。

　ロジスティック回帰の出力は、以下のように0から1の間のなだらかな変化になっています。

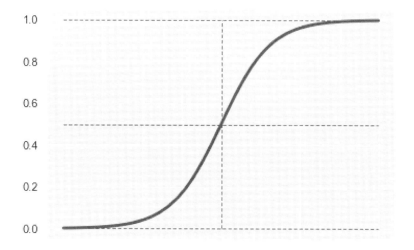

　数式で書くと、以下のようになります。この数式のことをシグモイド
関数と呼びます。

$$f(x) = \frac{1}{1 + e^{-ax}}$$

f（x）：出力
e：ネイピア数（約2.72）
x：入力（説明変数）
a：パラメータ

　ロジスティック回帰による分類は、次の図のようなイメージになりま
す。

▼図5-5-4

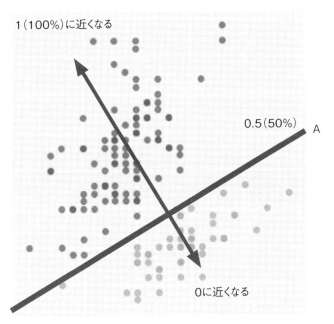

1（100%）に近くなる

0.5（50%）　A

0に近くなる

ロジスティック回帰による分類のイメージ。

　学習によって、分類が正解となる確からしさを最大にするような線A
を求め、その線でデータを分割して分類を行います。この確からしさを
「尤度」と呼びます。聞き慣れない言葉ですが、機械学習ではよく出てく
るので覚えておくといいでしょう。

「尤度」って、はじめて聞きました

ふだん使わないからね。「尤もらしい」と書いて「もっともらしい」と
読むんだ。ちなみに、「尤度」は英語では「likelihood」というよ

なるほど。意味を聞けば「尤」という感じはもっともらしいですね！

機械学習にチャレンジしよう

決定木（DecisionTreeClassifier）

　決定木は場合分けのモデルです。データを分割する条件を決めることで予測するモデルを作ります。具体的に見ていきましょう。

　まず、誤ったデータがなるべく混入しないような線でデータを分割し、次に混入が少なくなるように、結果をさらに分割していきます。

▼図5-5-5

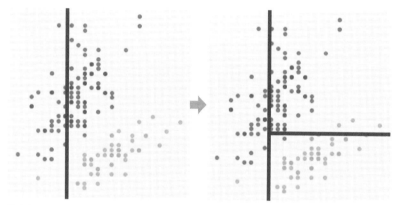

決定木による分類のイメージ。

　これを繰り返します。

▼図5-5-6

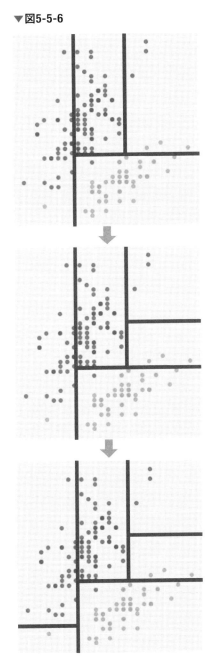

決定木による次の分類イメージ。

最終的に以下のような分割ルールができました。このルールにしたがって、分類を行います。

▼図5-5-7

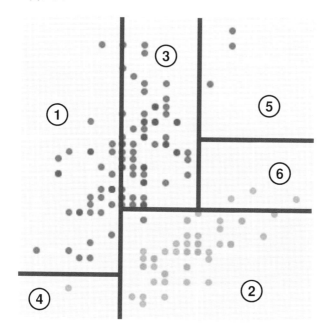

決定木による次の分類イメージ。

まとめると以下のようになります。このグラフの形が木に似ていることから、「決定木」という名前が付けられています。

▼図5-5-8

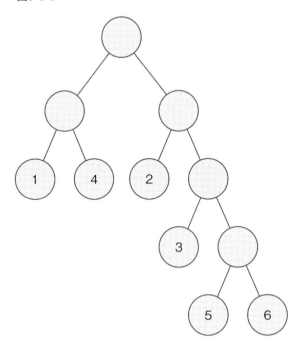

決定木による、最終的な分類イメージ。

　決定木は木の深さをどこまでも深くすることで、学習データに対して完全に分類を行うことができます。しかし、それは過度に学習データの特徴を捉えすぎており、逆にテストデータに対する性能は下がっている状態です。このような状態を「過学習」と呼びます。決定木は過学習を起こしやすいので、注意しましょう。

ランダムフォレスト

　ランダムフォレストは複数の決定木を組み合わせて、より性能を高くしたモデルです。複数の決定木を用意して、それぞれに学習データを与えて個々に学習を行います。学習データはおおもとの学習データからラ

CHAPTER
5

機械学習にチャレンジしよう

ンダムに抽出したものを使用します。このとき、答えが同じにならない
よう、決定木ごとに少しずつ抽出内容を変えるのがポイントです。モデ
ル全体の予測としては、各決定木の結果の多数決を用います。

▼図5-5-9

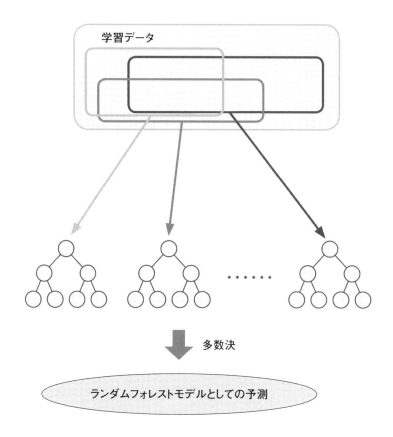

ランダムフォレストのイメージ。

　ランダムフォレストのように、複数のモデルを組み合わせた学習手法を「アンサンブル学習」と呼びます。代表的なアンサンブル学習には以下の3種類があります。

1. バギング（Bagging）：ランダムフォレストのように、複数の同じモデルを個々に学習させ、結果を多数決で取る方式
2. ブースティング（Boosting）：同じモデルを複数用意するところはバギングと似ているが、ブースティングはモデルを前後関係で並べる。「前のモデルは予測を間違った」という情報を次のモデルに伝えることで、個別に学習を行うより、モデルを賢くして性能を上げることを目指す
3. スタッキング（Stacking）：異なるモデルを複数用意してブースティングを行う手法。より高度で複雑なモデルを構築できる

　世界最大のデータ分析コンペティションサイトであるKaggleでは、ブースティングの手法であるXGBoostやLightGBMを使ったモデルとディープラーニングを使ったモデルとが激しく上位争いしている状況です。

ランダムフォレストってカッコいい名前ですね

いかにも機械学習という感じがするよね（笑）。ランダムに抽出したデータをたくさんの決定木で学習させることから、その名前が来ているんだ

「尤度」のように漢字にすれば「乱数森林」ですね。

……

サポートベクターマシン（SVM）

　ディープラーニング登場まで最強といわれていたのが「サポートベクターマシン（SVM）」です。もちろん、現在でも使用されています。

　SVMはマージンを最大にするように、次の図で示す分割線を決めるモデルです。マージンとは分割線からもっとも近いデータとの距離を指します。このデータのことを「サポートベクトル」と呼びます。それ以外のデータ点との距離はサポートベクトルより大きいため、マージンを計算するときはサポートベクトルだけ考えればよいことになります。

▼図5-5-10

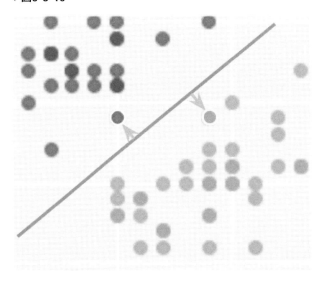

サポートベクターマシンの模式図。

　サポートベクターマシンの分割線は中学校で学習した1次関数です。そのため、基本的に直線で分割できるデータでなければ分類を実行できません。

$$f(x) = ax + b$$

ｆ（ｘ）：出力
ａ：パラメータ
ｂ：パラメータ
ｘ：入力（説明変数）

　そこで、直線で分割できないデータをほかの関数で変換し、結果を上の式のxに代入するというアイディアが生まれます。このアイディアを「カーネル法」と呼びます。

▼図5-5-11

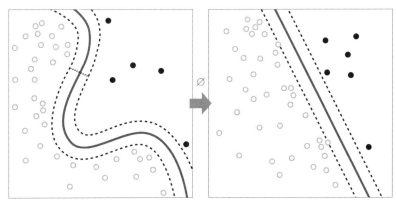

カーネル法の模式図。
参照：https://ja.wikipedia.org/wiki/カーネル法

$$f(x) = ag(x) + b$$

g（x）：他の関数で処理したx

　直線で分割できるように変換する関数はなかなかないのですが、よく使われる関数としては正規分布をもとにした「ガウスカーネル」が知られています。

線形回帰

　線形回帰は回帰モデルの代表的なモデルです。もっとも単純な線形回帰のモデルは1次関数の直線で表現されます。パラメータは「モデルの予測値と実際の値との誤差の二乗」を最小化するよう求められます。この値のことを「平均二乗誤差（MSE）」と呼び、回帰モデルの性能評価で多く用いられています。

▼**図5-5-12**

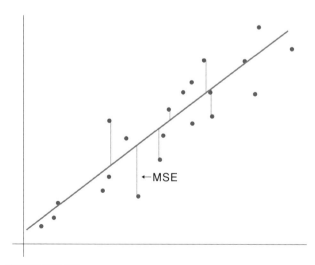

線形回帰の模式図。

数式で書くと、以下のようになります。

$$f(x) = ax + b$$

f（x）：出力
a：パラメータ
b：パラメータ
x：入力（説明変数）

　線形回帰は1次関数だけとは限りません。説明変数を増やしたり、べき乗を行うことで、より複雑なモデルを構築することもできます。以下は、説明変数を3つにした例です。

$$f(x) = a_1 x_1 + a_2 x_2 + a_3 x_3 + b$$

CHAPTER
5

機械学習にチャレンジしよう

モデルのアルゴリズムがわかって、機械学習がより身近になりました！

それはよかったね。慣れてきたら、お気に入りのアルゴリズムについてもっと調べてみよう！

はーい！

- 機械学習を行う際は、データを学習データと検証データに分割する
- 機械学習では、各段階でデータの形状を確認しながら進めることが重要である
- 分類問題のモデルには、サポートベクターマシンやロジスティック回帰、ランダムフォレストなどがある
- モデルの挙動を調整する値をハイパーパラメータと呼ぶ
- 識別モデルの評価は正解率（score）やF値で行う
- Scikit-learnでは学習や予測の方法が共通化されており、簡単にモデルを変更することができる
- モデルを選択する基準は、「より単純なモデルで分類できるのであれば、それを使う」ことである
- 回帰モデルも、基本的な機械学習の流れは識別モデルと同様である
- 回帰モデルの評価は、平均二乗誤差（MSE）で行う
- 平均二乗誤差（MSE）は相対的な値であり、異なるデータ同士の比較は行えない
- 説明変数によって目的変数を「説明できているか」がポイントである

▼ サポートベクターマシン
https://scikit-learn.org/stable/modules/generated/
sklearn.svm.SVC.html

▼ ロジスティック回帰
https://scikit-learn.org/stable/modules/generated/
sklearn.linear_model.LogisticRegression.html

▼ ランダムフォレスト
https://scikit-learn.org/stable/modules/generated/
sklearn.ensemble.RandomForestClassifier.html

▼ pandas-datareader
https://pandas-datareader.readthedocs.io/en/latest/

▼ 線形回帰
https://scikit-learn.org/stable/modules/generated/
sklearn.linear_model.LinearRegression.html

▼ Lasso回帰
https://scikit-learn.org/stable/modules/generated/
sklearn.linear_model.Lasso.html

▼ Ridge回帰
https://scikit-learn.org/stable/modules/generated/
sklearn.linear_model.Ridge.html

ディープラーニングにチャレンジしよう

　ディープラーニングで多く用いられているライブラリは
TensorFlowとKerasです。どちらもオープンソースで、誰でも無償
で使用できます。Kerasでモデル構築のプログラミングを行い、そ
の裏でTensorFlowが動作するという組み合わせが一般的です。

　実は、どちらもColaboratoryで簡単に試すことができます。せっ
かくなのでディープラーニングのプログラムを確認しましょう。第3
章のディープラーニングの説明も併せて参照してください。

　ライブラリの読み込みからデータの分割までは、第5章の識別モ
デルと同様です。

```
001  # ライブラリの読み込み
002  import pandas as pd
003  import numpy as np
004  import matplotlib.pyplot as plt
005  import seaborn as sns
006  from sklearn import datasets
007
008  # グラフをColaboratory内で表示するための設定
009  %matplotlib inline
010
011  # データの読み込み
012  iris_datasets = datasets.load_iris()
013  iris = pd.DataFrame(iris_datasets.data,
     columns=iris_datasets.feature_names)
014  iris['target'] = iris_datasets.target
015
016  # irisデータを目的変数(target)と説明変数(data)に分け
     る
017  target = iris['target']
018  data = iris[iris_datasets.feature_names]
019
```

```
020   # train_test_splitで、学習データと検証データに分割
021   from sklearn import model_selection
022   data_train, data_test, target_train,
      target_test =\
023   model_selection.train_test_split(data,
      target, train_size=0.8)
```

　以下がディープラーニングのモデルの基本形です。Scikit-learnではモデルを指定してすぐに使えたのに対し、Kerasではモデルを自分で作成する必要があります。

```
001   # 必要なライブラリの読み込み
002   from tensorflow.keras.models import
      Sequential
003   from tensorflow.keras.layers import Dense,
      Activation
004
005   # モデルの初期化
006   model = Sequential()
007   # 入力層の追加。4次元で入力し8次元で出力する
008   # Denseは層の種類(全結合層)。そのほかにConv2Dや
      Embedding、LSTMなどがある
009   model.add(Dense(8, activation='relu',
      input_shape=(4,)))
010   # 隠れ層の追加
011   model.add(Dense(12, activation='relu'))
012   model.add(Dense(16, activation='relu'))
013   # 出力層の追加。16次元で入力し、3次元で出力する
014   model.add(Dense(3, activation='softmax'))
015   # モデルの作成
016   model.compile(optimizer='SGD',loss='sparse_
      categorical_crossentropy',metrics=
      ['accuracy'])
```

機械学習にチャレンジしよう

モデルには最低限、入力層と出力層が必要です。7行目のコメントで「次元」と表記しているのは行列の列数（ニューロンの数）です。9行目の入力層のinput_shapeは説明変数の種類に、14行目の出力層の「3」は分類する数（アヤメの種類）に合わせます。

　9行目から12行目までにある、そのほかの数値「8」「12」「16」、すなわち隠れ層のニューロンの数は自由に決めてかまいません。隠れ層の層の数も任意に増やすことができます。なお、activationなどは最適なパラメータを決める計算式の指定ですが、詳細は割愛します。

　モデルを作成したら学習を行います。学習はおなじみのfit関数です。ディープラーニングでは、学習データから一部を取り出して学習を行う手法が多く用いられます。nb_epochやbatch_sizeはそれらを設定する値です。

```
001    model.fit(data_train, target_train, nb_
       epoch=20, batch_size=5)
```

実行結果は以下のとおりです。

```
Epoch 1/20
120/120 [==============================] -
0s 867us/sample - loss: 1.0988 - acc: 0.4167
Epoch 2/20
120/120 [==============================] -
0s 254us/sample - loss: 0.9242 - acc: 0.5333
Epoch 3/20
120/120 [==============================] -
0s 261us/sample - loss: 0.8797 - acc: 0.5750
Epoch 4/20
120/120 [==============================] -
```

0s 256us/sample - loss: 0.8491 - acc: 0.6500
Epoch 5/20
120/120 [==============================] -
0s 251us/sample - loss: 0.8259 - acc: 0.6417

　学習が終わったら、検証データで予測を行ってみましょう。予測にはpredict_classes関数を使用します。

```
001    target_predict = model.predict_classes
       (data_test)
```

識別モデルと同様に、正解と予測結果を並べてみます。

```
001    print(target_predict)
002    print(np.array(target_test))
```

実行結果は以下のとおりです。

```
[2 0 1 1 2 0 2 1 2 2 2 0 2 2 0 1 0 0 1 1 0 1 1 0 1 2 0 2
 2 0]
[2 0 1 1 2 0 2 1 1 2 2 0 2 2 0 1 0 0 1 1 0 1 1 0 1 2 0 2
 2 0]
```

　正解率を表示するにはevaluate関数を使います。「_」は、値は受け取るが使用しない場合の変数名として、Pythonで慣例的に用いられています。

```
001    _, acc = model.evaluate(data_test, target_
       test)
002    acc
```

実行結果は以下のとおりです。

```
30/30 [=============================] - 0s
134us/sample - loss: 0.5238 - acc: 0.9667
0.96666664
```

　いかがでしょうか。Scikit-learnのモデルとほとんど同じようにプログラミングできるのがわかります。このように、ディープラーニングは概念さえ理解すれば、プログラミングは簡単なものになってきています。ここまでのプログラムを参考に、ぜひ現在のAI技術の根幹であるディープラーニングにチャレンジしてみてください。

巻末付録

この先の
学習について

最後に、

本書を読み終えたあとの学習についての指針と、

参考となる書籍やサイトを紹介します。

本書を読み終わったら

ここまでの内容で、機械学習とは何か、実際のプログラムとともに概要を理解できたと思います。みなさんにとっては、もうAIや機械学習は魔法でも何でもありません。ここから先は、自分が行いたいことや興味のある分野を中心に、理解を深めてください。

その前に、気を付けてほしいことが2点あります。

1. **プログラミングは手を動かすこと**：実際に手を動かしてソースコードを書かないと、プログラミングは習得できない。ゲームを作る、数学の問題を解くなど、興味のあるテーマをプログラミングの題材とするとよい。
2. **すべてを完璧に理解しようとしない**：機械学習の世界は広くいくつもの専門分野に分かれている。また、学校のカリキュラムと異なり、「ここまでで終わり」という範囲がない。ざっと概要を理解したら、興味のある分野をさらに深めていくように学習を進めていく。

自分のパソコンにPythonを実行できる環境を作りたい

Pythonは公式サイトや、各種ディストリビューション（Pythonとライブラリなどをまとめて配布しているところ）から入手できます。おすすめはAnacondaです。AnacondaにはColaboratoryと互換性があるJupyter Notebookが含まれており、これまでの学習で作成してきたノートブックを実行することができます。

URL／書籍

▼ Python公式サイト
https://www.python.org/downloads/

▼ Anaconda
https://www.anaconda.com/distribution/

Pythonをより深く理解したい

　本書では紙面の都合上、解説が不十分だと思われる箇所があるかもしれません。そういう場合は、書籍などで知識を補うことで、よりPythonのプログラミングを楽しむことができるでしょう。また、公式サイトのチュートリアルや第3章のコラム（P115参照）で紹介した「退屈なことはPythonにやらせよう」の原文「Automate the Boring Stuff with Python」など、無料で読める資料も多く存在します。

URL／書籍

▼ 『入門Python3』(オライリー)
やや説明が冗長ですが、網羅的にPythonを学習できる定番本です。

▼ Automate the Boring Stuff with Python
https://automatetheboringstuff.com/

▼ Dive Into Python 3 日本語版
http://diveintopython3-ja.rdy.jp/index.html
数少ない、無料で読める日本語のPythonの入門サイトです。

▼ AtCoder
https://atcoder.jp/?lang=ja
プログラミング力を高めたいということであれば、競技プログラミングもおすすめです。AtCoderは無償で参加できる国内最大の競技プログラミングサイトです。

機械学習で使う数学を学習したい

　機械学習を使ううえで数学は必須ではありませんが、線形代数・確率統計・微分の基礎を知っておくと便利です。各領域で必要な分野は以下のとおりです。

・線形代数：スカラ・ベクトル・行列・テンソルの基本、内積と外積の計算
・確率統計：確率分布、統計量
・微分：考え方（接線の方程式など）、公式、偏微分の考え方

URL／書籍

▼ Chainer Tutorial 機械学習に使われる数学
https://tutorials.chainer.org/ja/03_Basic_Math_for_Machine_Learning.html
数学の基礎を学ぶことができる、とても良質なテキストです。Chainer は国産のディープラーニングのフレームワークで、Preferred Networks が開発しています（すでに開発を終了しています）。

▼ 『数学大百科事典』(翔泳社)
高校数学からざっと学び直すのに便利です。イラストが多用され、網羅的に楽しく数学を学習できます。

▼ 『完全独習　統計学入門』(ダイヤモンド社)
統計学の入門書として鉄板です。とりあえずのゴールである、t分布による区間推定まで学ぶことができます。

▼ 『やさしく学ぶ　機械学習を理解するための数学のきほん』(マイナビ出版)
機械学習の数式の説明に特化した内容です。機械学習やディープラーニングで使われている数式を、比較的わかりやすく学ぶことができます。

ディープラーニングについて学びたい

　現在の機械学習の花形はディープラーニングです。ディープラーニングも画像分析やテキスト分析、それらの生成（GAN：敵対的生成ネットワーク）など、多くの分野で開発が進められています。

URL／書籍

▼ 『ゼロから作るDeep Learning』(オライリー)
ディープラーニングの入門書としてベストセラーになった書籍です。出版からやや時間が経っていますが、その内容は色あせません。

▼ 『フリーライブラリで学ぶ機械学習入門』(秀和システム)
機械学習について、ひととおりの基礎を学習できます。コンパクトにまとまっており、おすすめです。

▼ 『PythonとKerasによるディープラーニング』(マイナビ出版)
Kerasの作者による書籍です。ディープラーニングについて、考え方からしっかりと学習することができます。やや難易度は高くなりますが、Kerasを学習するのであれば外せない1冊です。

　本書を読んでくださり、ありがとうございました。機械学習の世界はまだまだ未知のことが多く、今から学習を始めても決して遅くはありません。本書をきっかけにみなさんに機械学習に対して興味を持っていただけたら、大変うれしく思います。引き続き、書籍やWebサイトなどで学習を続けていきましょう。新しく覚えた知識は忘れやすいので、毎日15分でもいいので学習を行ってくださいね。学習の習慣やそこで得た知識は生涯にわたって、みなさんを支えることでしょう。

+++ INDEX +++

(著者プロフィール)

太田 和樹 (おおた かずき)

株式会社Lassicマネージャー。またTechAcademyでメンター
として活躍中。守備範囲はAI、データサイエンス、フロントエ
ンド、モバイルと幅広い。その幅広い知見を生かして複数の領
域を組み合わせた提案をするのが得意。地方在住。仕事のほと
んどをリモートオフィスで行う。通勤で消耗する代わりに趣味
のDIYや家庭菜園、家族との時間を楽しんでいる。

● 装丁
植竹 裕（UeDESIGN）
● カバー写真
Inara Prusakova, Eugene Partyzan / Shutterstock.com
● 本文デザイン・DTP
Kuwa Design
● 編集
クライス・ネッツ
● 本文イラスト
ひろせ りょうた
● 本書サポートページ
https://gihyo.jp/book/2020/978-4-297-11267-7
本書記載の情報の修正・訂正・補足については、当該Webページで行います。

■お問い合わせについて
　本書に関するご質問については、本書に記載されている内容に関するもののみとさせていただきます。本書の内容と関係のないご質問につきましては、一切お答えできませんので、あらかじめご了承ください。また、電話でのご質問は受け付けておりませんので、FAXか書面にて下記までお送りください。

＜問い合わせ先＞
〒162-0846
東京都新宿区市谷左内町21-13
株式会社技術評論社　雑誌編集部
「知識ゼロからの機械学習入門」係
FAX：03-3513-6173

　なお、ご質問の際には、書名と該当ページ、返信先を明記してくださいますよう、お願いいたします。
　お送りいただいたご質問には、できる限り迅速にお答えできるよう努力いたしておりますが、場合によってはお答えするまでに時間がかかることがあります。また、回答の期日をご指定なさっても、ご希望にお応えできるとは限りません。あらかじめご了承くださいますよう、お願いいたします。

知識ゼロからの機械学習入門

2020年4月28日　初版　第1刷発行

著　　者　　太田和樹
監 修 者　　TechAcademy
発 行 者　　片岡 巌
発 行 所　　株式会社技術評論社
　　　　　　東京都新宿区市谷左内町21-13
　　　　　　TEL：03-3513-6150（販売促進部）
　　　　　　TEL：03-3513-6177（雑誌編集部）
印刷／製本　　昭和情報プロセス株式会社